中国景观
实践

中国城市科学研究会景观学
与美丽中国建设专业委员会　主编

中国建筑工业出版社

图书在版编目（CIP）数据

中国景观实践/中国城市科学研究会景观学与美丽
中国建设专业委员会主编. —北京：中国建筑工业出版
社，2023.9
ISBN 978-7-112-29219-6

Ⅰ.①中⋯ Ⅱ.①中⋯ Ⅲ.①景观设计—研究—中国
Ⅳ.①TU986.2

中国国家版本馆CIP数据核字（2023）第184644号

责任编辑：王晓迪
书籍设计：锋尚设计
责任校对：张 颖

中国景观实践
中国城市科学研究会景观学与美丽中国建设专业委员会 主编
*
中国建筑工业出版社出版、发行（北京海淀三里河路9号）
各地新华书店、建筑书店经销
北京锋尚制版有限公司制版
北京富诚彩色印刷有限公司印刷
*
开本：787毫米×1092毫米 1/12 印张：19⅔ 字数：538千字
2024年1月第一版 2024年1月第一次印刷
定价：**238.00**元
ISBN 978-7-112-29219-6
（41185）

序 言

从草地山林到繁华都市，从阡陌农田到街巷邻里，我们赖以生存的大地、城市与乡村即是景观。它们是自然和人类活动共同塑造的综合体。关于这个综合体的认知与分析、规划与设计、营建与管理的科学和艺术，就是景观学，目标是探索和构建当代人与自然相互依存的关系。

改革开放使中国大地巨变，翻天覆地，世界五分之一的人口基本摆脱贫困，国家从羸弱走向富强，城市之华丽高耸、路桥之绵延通达、堤坝之伟岸强固，成就举世瞩目。与此同时，也面临着巨大的人口负重、攀升的消费需求与压力趋紧的环境资产，生态与环境危机的警钟从未停歇：旱涝灾害频繁、水资源短缺、大气和水土污染严重、良田告急、栖息地破坏与物种灭绝、"千城一面"风貌雷同，城市交通模式与生活方式转型困难。

生态文明建设事业呼唤跨领域、跨行业和跨学科的交流与协作，需要人们共同应对复杂生态和环境问题。深刻认识到地球系统的复杂性和整体性，认识到人类活动与自然系统之间的互动协调关系，相信通过功能整合以及艺术化的设计能够重建美丽和谐的新桃源：从国土和区域到城市和乡村，从山川大江治理到城市建筑森林缝隙的海绵绿地，从车水马龙的繁华大街到公园和居住小区的步行小径……国土生态保护和重建、城市修补和生态修复、海绵城市建设以及广大乡村的保护和建设，都是我们神圣的事业和迫切的工作任务。

围绕上述目标，中国城市科学研究会景观学与美丽中国建设专业委员会以培育开放包容的文化，开展多学科协作，推动学术研究，促进设计进步和行业发展，协助政府实现政策改进和管理创新，启迪和教育民众为己任，努力发挥在生态文明和美丽中国建设中的关键作用。

由中国城市科学研究会景观学与美丽中国建设专业委员会策划并主编的《中国景观实践》一书收录了生态、景观、建筑、规划、水利等不同领域、不同行业的企业具有代表性和引领性的规划、景观和工程设计作品，对这些不同类型、秉持不同设计理念的实践作品进行呈现和解读，反映了现阶段中国景观相关领域对环境、对人、对社会的最新设计实践探索。

本书收录的54个精品案例从征集到的364个作品中遴选出来，由专家组经过三轮研讨和投票决定。这些作品集结在一起，共同讲述2022年以前的十年中跨领域的中国景观故事，是景观学走向未来和世界的灯塔。借此机会，特别感谢所有提交作品的创作团队、施工团队和他们的甲方，祝贺他们的作品被收录。尤其感谢给予我们特别支持的专家委员会成员、秘书组成员以及责任编辑。

该书集资料性、趋势性、鉴赏性、专业性和学术性于一体，对于从业者来说具有收藏与学习借鉴价值；作为高校的教学案例，希望通过实践审视教学，加强政、产、学、研四大平台之间的学习与交流。

坚信中国城乡因为有我们的努力而美丽，规划设计事业因为我们的坚守而走向高质量和持续繁荣，欢迎有着共同理想的人们一起行动！

中国城市科学研究会景观学与美丽中国建设专业委员会

感谢名单
（排名不分先后）

编委会成员

俞孔坚	李迪华	李建伟	刘　晖	马晓暐	孔祥伟
罗　涛	赵进勇	白伟岚	庞　伟	刘悦来	任心欣
吴松涛	武　静	王志芳	马向明	林广思	刘德华
褚冬竹	李中伟	王思思	曹晓宇	栾　博	余丽嘤
杨航卓	乔　旭	车　迪	赖文波	王嘉源	戴芹芹
魏　俊	王英杰	侯晓蕾	张　莉	杨凌晨	刘　江
吴　昊	赵　杨	姜芊孜	路　洋	黄　艳	林墨飞
龙　赟	孟月玲	欧阳爽	王　铬	谢雨婷	余　畅
邹裕波	曾　颖	廖启鹏	程　锐		

秘书组成员

周明波	田　乐	陈丽丽	王　卿	周　舟	王　颖

中国建筑工业出版社责任编辑

王晓迪

目 录

三　生态
规划类

中 — 国

规划类

景观

景 观

01

密云冶仙塔城市森林公园

项目名称：密云冶仙塔城市森林公园

设计单位：笛东规划设计（北京）股份有限公司

建成时间：2021年12月5日

项目规模：45.8hm²

项目地点：北京市密云区

项目类别：郊野公园

设计团队：袁松亭　吴敬涛　张昊宁　王昊　邹宁　于帆　宋佳佳

摄　　影：Chill Shine丘文三映

一、项目概况

　　密云区位于北京市东北部，冶仙塔城市森林公园设计场地位于密云区西南侧，距北京市中心75km，地处首都1h经济圈以内，交通便捷。公园建设面积45.8hm²，公园北依冶仙塔风景区，南面密云新城，东临白河，处于山城交接的区域。冶仙塔城市森林公园北接白石岭路，南靠京承铁路，西侧距密关路约1km。

　　冶仙塔城市森林公园是密云区"四园两带"的重要组成部分，是北京的大氧吧与保障首都可持续发展的关键区域，坐拥蓝绿系统建设的战略契机与先决条件。公园背靠冶山，面向

水形态

雨水净化与泄洪功能　蓄水与景观功能

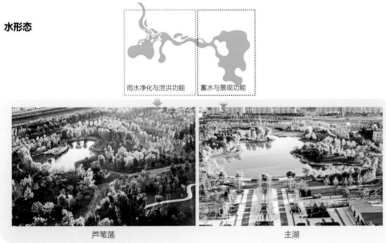

芦苇荡　　　　　　　　主湖

城市，具有成为城野衔接纽带的区域优势与发展潜力。密云区现状公园绿地多集中在密云城区东部及白河两侧，且大多面积较小，密云城区北部尤其是白河东部区域缺乏公园绿地，不能满足公园500m服务半径的要求。冶仙塔城市森林公园地域开阔，山水环抱，风景秀美，有深厚的文化基底，活动场地多元化，给周边居民的文化休憩提供了丰富的活动场地，充分体现了人性化设计，真正成为一处为市民服务的公园。

二、发掘现状问题

郊野公园是北京市城郊第一道绿化屏障的重要组成部分，不仅承担着重要的城市生态功能，也成为城市居民拓展的绿色空间，在提高当地居民生活水平的同时，也为游客提供更多的休闲游憩场所。通过走访探究场地现状，设计发现四大空白。

（1）空间待整合

传统的城郊用地属性繁复且杂乱。需要整合用地性质，形成一定规模的完整空间，这样有利于促进土地溢价，促进城乡结合处稳定发展。

（2）功能的缺失

传统的郊野公园面对的客群多为游客，随着推向城市的地段快速发展，郊野公园周边的人口规模和人员结构也随之改变，普通的郊野公园已经远远不能满足附近居民及外来游客的需求，其功能性质逐渐趋近于城市综合性公园。

（3）生态有提升

场地内多以农田和破败民房为主，场地又地处冶山山脚，缺少生态缓冲带，生态涵养薄弱。缺少雨洪管理系统，无法抵御山洪。同时，场地过于平整，雨水径流易冲刷场地，造成水土流失。

（4）文化需传承

通过走访，发现场所周边紧邻檀营满族蒙古族乡，场地文化丰富，但是周边尚未存在以满蒙文化为主题的景观场所。从文脉传承的角度来讲，需要深度挖掘当地文化，并运用景观化的手段将其表达给大众。

现阶段的郊野公园存在功能单一、景观千篇一律、主题不鲜明等问题，随着城市化的推进，郊野公园急需做出适应性转化，冶仙塔城市森林公园在设计功能向城市公园贴近的转型方向上有着独到的见解与实践。

三、设计策略

"承千年禅脉，展山水之姿，营森林绿意，享满蒙风情"，密云冶仙塔森林公园是城与野的绿色枢纽。公园建设的主要目的为传承冶仙塔地域文化、创造湖光山色的优美空间、建设人与自然和谐相处的场所、适度地展示满蒙文化。

总体设计以从城市到自然的层级变化为核心，突出从生态到人文的过渡。外层以生态保育涵养为主；中层以生态科普为主题，突出人与自然的对话；内层以历史文脉为核心，植入文化展示与运动健身等功能，为市民提供充分的文化休闲空间。

（1）空间整合

原有的城市功能以农用地、居住用地、体育设施用地、中石化等多种用地构成，通过整合用地形成完整的G1类空间，填补周边区域公园属性用地的空白。将阻碍城市发展的零散用地，整合成带动城郊发展的绿色用地，化解了城市建设与风景区之间的矛盾，形成绿色发展趋势。

4 | 5

图4 公园属性用地
图5 湖光山色

（2）功能填补

设计首先梳理了功能组团，以贯穿全园的水体为依托，形成集临水型和游览型游径于一体的主园路，供游人欣赏山水风光。在为游客提供休闲娱乐去处的同时，公园也同样服务于周边居民，填补了功能上的空缺。

公园分为东西两个区域。冶山路以西为山水游赏区，冶山路以东为满蒙文化体验区。

山水游赏区以观赏湖光山色为主要活动内容，属"静"。在设计中，通过掇山理水，形成由北至南、从上至下、从人文到自然的景观轴线。该景观轴线贯穿冶仙塔、白石岭路主入口、亲水平台、曝气景观喷泉、生态湖心岛、禅意花园、揽翠亭。

满蒙文化体验区以原乡场地文脉体验为主要活动内容，属"动"。在设计中，深挖檀营原乡的满蒙军事文化记忆，传承场地精神。该区域主要布置有满蒙乡情、绿营校场、儿童活动场等主要景观节点。各游径之间形成局部环路，丰富了慢行空间层次和游人的体验感。游径沿线以自然风光类、人文风采类和休闲运动类节点为主，如以山水构架为主要游览目标的"揽翠亭""苇荡迷踪"，以人文风采类为主的"柳荫塔影""禅意花园""满蒙乡情""原乡记忆"，以休闲运送为主的"绿营校场""童趣花园"等。

（3）生态重塑

项目引水入园、掇山理水，在充分利用场地资源本底的同时结合低影响开发设施调蓄雨洪，将自然引入场地，重塑基址的生态韧性。在消减雨水径流污染的同时实现水质净化，缓解城市旱涝，并营造出了步移景异、景观优美、功能丰富的蓝绿空间。

低影响开发建设充分遵循了生态优先原则，将自然途径与人工措施相结合，在确保城市排水防涝安全的前提下，最大限度地实现雨水在城市区域的积存、渗透和净化，促进雨水资源利用和生态环境保护。建成低影响开发城市并不是推倒重来、抛弃传统的排水体系，而是对传统排水体系的"减负"和补充，结合城市规划设计进行计划建设，在低影响开发城市建设过程中应考虑其复杂性和长期性。

兼顾景观艺术性的同时坚持生态优先的原则，构建了以乔木为主的郊野林地生态系统。一方面注重对场地内原有大树的保护与合理利用，另一方面在规划设计中注重苗木选型及乔灌搭配，保护生物多样性。

在竖向设计过程中，方案在现状地形的基础上，针对土方平衡进行系统梳理，并根据不同区域景观功能特点进行竖向设计，设计若干微地形。一方面，可以引导公园排水，形成汇水分区，为场地整体雨洪管理系统打下基础；另一方面，形成一系列微地形，在丰富景观体验的同时，也可以为种植设计营造地形基底。

（4）文脉传承

公园的规划设计与区域山水格局相呼应，在传承场地文脉的同时为当地居民提供了功能丰富的活动空间，将过去与现在、城与山、人与自然重新联系在一起。形成景观轴线，呈现山环水绕的山水格局，在掇山理水的同时传承冶仙塔的地域文化，将禅宗文化融于一片湖光山色。

郊野公园的地域性是指其能体现一定区域内的自然禀赋和历史文脉的特性，这里主要从自然元素和历史文化两个角度来理解地域性。这就要求郊野公园应因地制宜地进行规划设计，而不是照搬其他类型绿地的设计模式。在规划设计过程中，需要充分挖掘当地历史文化，融合当地民风民俗，将现有的景观元素和乡土材料结合为有特色的人文景观，尽可能地展现地域特色，创建一个不仅可以供游客休闲也可以继承地域文化的场所。

一些区域沿袭檀营的军事元素，衍生出演武拓展区、冰嬉之制等户外拓展场地，重现清朝阅兵操演的军事活动场景，唤醒原乡记忆。场地整体景观结构呈现由城市到自然的层级变化，集生态保育与涵养、生态科普、文化展示与运动健身功能于一体，重连城市与山野。

四、结语

建设郊野公园可以有效拓展绿化功能，构建清新和谐、天然野趣、古朴自然、景色优美、环境宜人的休闲游憩空间，让市民更直接、更具体地享受经济社会发展成果，是政府关注民生的重要体现。作为郊野公园，冶仙塔城市森林公园为广大市民提供了一个回归和欣赏大自然的广阔天地与游玩的好去处。为满足创建国家生态园林城市的需要，特别是建设与国家中心城市功能定位相匹配的生态体系的需要，郊野公园的建设势在必行。

02 广东云浮新兴禅域小镇

项目名称：广东云浮新兴禅域小镇

设计单位：广州怡境规划设计有限公司

建成时间：2019年5月

项目规模：项目总面积75000m²

项目地点：广东省云浮市新兴县

项目类别：景观规划

设计团队：张 达 王长风 吴依晔 陈 俨 何斯琪 王新烨 卢泽达
朱鸿希 庞 燕 钟伟健 姚肇楷 黎智锋 谢盛奋 马春华
胡维佳 吴 冰 谢佛森 吕瑞芬 张 灏 麦婉婷

主创设计：张 达 吴依晔 陈 俨

方案设计：何斯琪 王新烨 卢泽达 钟伟健 麦婉婷 朱鸿希

扩初设计：何斯琪 庞 燕

施工图设计：姚肇楷 黎智锋 谢盛奋

植物设计：马春华 胡维佳

水电设计：吴 冰 谢佛森 吕瑞芬

项目经理：王长风 张 灏

摄　　影：上海榫卯文化发展有限公司

世俗禅

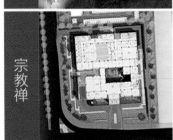

宗教禅

生活禅

1　　2

图1 总平面图
图2 禅域小镇 素说禅心

一、项目概况

广东云浮新兴禅域小镇位于广东省云浮市新兴县六祖大道旁，该大道是通往六祖故里旅游区的必经之路，占地面积约75000m²，集成河穿过其间，周边山环水绕，富自然野趣，远离都市尘嚣，对话山水，别有一番意境。

中国禅文化启于达摩，盛于六祖慧能，新兴就是六祖慧能的出生地、感悟地、弘法地和圆寂地。禅域小镇紧扣六祖主题，打造现代语境下的禅意空间。

二、设计理念

"菩提本无树，明镜亦非台。本来无一物，何处惹尘埃。"项目将六祖的哲思融入设计理念，注重"文化、场地与使用者"之间相融相洽的共生关系，针对性地运用不同手法体现禅文化。以创新的思维、理念、技术、材料和工艺，保护禅文化的核心价值点，让禅宗文化以新的设计方式呈现于世人面前并不断传承下去。

三、项目亮点

"无·静，悟境，素说禅心。"依托禅文化主题旅游资源，以"大旅游+"运营思维模式导入设计，在保护和发展禅文化的同时，使项目成为当地的形象地标和不可复制的经典产品。

禅域小镇包括商业街、禅音堂和雅途酒店三个部分，设计理念被分为三个不同的方向——世俗禅、宗教禅、生活禅，在不同的区块用不同的手法表达禅意主题，更加贴合区块的性质。

商业街的禅是一种世俗禅，始终紧扣禅宗文化、唐风体验、岭南风情三大元素，设计从对六祖故事的阐述出发，运用"咫尺山林"的手法，营造岭南山清水秀、开朗明快的商业空间。

街区选取本土植物和石材，减少运输，充分体现人与自然和谐共生的绿色环保理念和可持续发展理念。同时通过植物搭配与水系结合，描绘岭南水乡渔情画卷。

禅音堂的禅是一种宗教禅，设计以"少即是多""自然之音"为指导，以"云、水、音"为元素主题，打造空灵素净的禅意空间。

雅途酒店景观空间不大，设计利用绿化及干净简洁的素雅景墙来分隔空间，做到"小中见大"，丰富空间变化。

酒店的禅是一种生活禅，用"第25小时原创生活艺术"的方式，对生活元素进行艺术加工，转换为设计语言。

整个项目于细节处见真章，从宗教圣物"莲"中提炼元素，形成串联整个项目的IP，通过灯具、雕塑、地刻、景墙等形式表达。

禅域小镇以中国禅宗文化为主题打造集商业、酒店、文化于一体的活动综合文化旅游度假小镇，以六祖禅宗思想为核心，注重浸入式生活场景营造，注重禅的生活艺术与生活方式的体验，打造经得起禅宗、佛教信众深究的禅域空间，也是更能向普罗大众、年轻群体展现禅宗魅力及思想、符合当代审美的"禅"体验空间。

3　4｜5
6

图3　商业街主轴
图4　岭南水街
图5　禅音堂
图6　酒店鸟瞰

03 广州南平静修小镇

项目名称：广州南平静修小镇

设计单位：广州山水比德设计股份有限公司

建成时间：2018年12月

项目规模：40万m²（一期）

项目地点：广东省广州市从化区

项目类别：景观规划

设计团队：孙 虎 刘 斌 龚阳光 吴华文 高艳芳 刘 伟 李健龙

摄　　影：广东新山水文化发展有限公司

一、项目概况

　　南平静修小镇位于粤港澳大湾区腹地广州从化，被凤凰山系环绕，紧邻从化温泉、大封门、石门、南昆山及白水寨等著名景区，生态环境绝佳。周边交通便捷，从莞深高速公路灌村出入口60分钟可达广州城区，90分钟可达深圳城区。作为广州市第一批美丽乡村建设项目，为珠三角城市居民提供了一处富有魅力的生态型身心修养境地。

二、设计理念

项目以元代王蒙《夏山高隐图》的布局作为参考，规划"一溪、一路、三区、十点"静修景观带，设计遵循地域特色与生态自然原则，保留小镇的原始生态和场所精神，营造静修景观空间，以"修身、修心、修为"三大旅游休闲层次的组织为脉络，落笔构建人与自然和谐相融的新体验，促进中国美丽乡村的可持续发展。

三、项目亮点

（1）生态自然

项目以南平"山、泉、林、溪、石"五大特色生态要素为依托，"修身、修心、修为"打造从化最富魅力的山水艺术社区、宜居宜游的生态型身心修养之所。

（2）地域特色

设计遵循地域特色、生态自然原则，保留场所精神，营造静修景观空间；行走山水间，感受自然律动，体悟生命逸趣。在古村落，唤起乡土文化记忆，感受风土人情，重塑邻里景观，建设美丽乡村，于竹境、溪境、石境、乡境修身养性。

经过更新改造，提升和统一了小镇的整体风貌，提供了游览的景点与项目，提升了消费场所、延长了停留时间、留住了人气，同时带动了小镇内居民的就业，并提高了居民的收入。

图1 主入口
图2 项目鸟瞰图

$$\frac{3}{4} \quad \frac{5 \mid 6}{7 \mid 8} \atop 9 \mid 10$$

图3 主入口竹构筑

图4 房流于林影，与自然相映成景

图5 古树邻里·乡境（一）

图6 古树邻里·乡境（二）

图7 古树邻里·乡境（三）

图8 古树邻里·乡境（四）

图9 取材当地——木材

图10 取材当地——砖瓦

图片来源：广东新山水文化发展有限公司

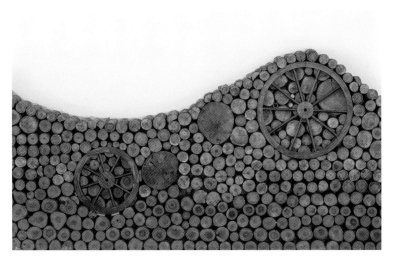

04

邯郸园博会

项目名称：邯郸园博会

设计单位：北京土人城市规划设计股份有限公司

建成时间：2020年11月

项目规模：一期9.3hm²

项目地点：河北省邯郸市

项目类别：生态规划

设计团队：俞孔坚　秦　玥　金　磊　张　帆　刘春辉　张要刚　李子轩
雷　嘉　朱　青　陈萌萌　冯　阳　周一男　史育玉　罗京晶
何俞轩　阮甜子　刘　伟　刘嘉琪

主创设计：俞孔坚

方案设计：秦　玥　金　磊　张　帆　刘春辉　张要刚　李子轩　雷　嘉
朱　青　陈萌萌　冯　阳　周一男　史育玉　罗京晶　何俞轩
阮甜子　刘　伟　刘嘉琪

施工图设计：王书芬　郑军彦　郑亚凯　孙　华　徐　嘉　何选宁　方化武
刘　勇　张雪松　郑姝伟　李　鑫

植物设计：孟庆芳　陈素波

水电设计：李　昊　吴　昊　曲秀娟

结构设计：陈　娆　鲁　昂　刘树梅　王　磊　赵兴雅　李东辉

摄　　影：土人设计　张锦影像工作室

一、项目概况

　　一个城市垃圾场被改造为一个基于自然的水生态修复实验性景观。设计通过将几种不同的人工湿地结合在一起，形成沉浸式的生活景观，还可以观察并量化设计与生态系统性能之间的相关性，同时提供探索和教育的功能。项目展示了基于自然的途径如何净化废水和修复棕地，并提供生态系统服务、科学研究及审美启智功能。

二、设计理念

　　几十年来，钢铁和煤矿等重工业的发展使城市缺水并受到污染。为促进城市绿色发展，邯郸获得了河北省第四届园林博览会，即邯郸园林博览会主办资格。以此为背景，改造这个原本遍布煤灰、垃圾和固体废物的325hm²"废地"。

　　"清渠如许"的设计是邯郸园博会的设计亮点，占地10.4hm²的梯田旨在展示自然途径在废水净化和固体废物回收方面的潜在力量。场地原本为城市垃圾和污染物堆成的20m高的小山，毗邻20hm²的退化湿地。万幸的是，设计前的调查表明，现场没有有害物质，未来不会给游客带来健康风险。

01 锦绣云廊　　07 观景平台　　13 跌水堰
02 休憩景观盒　08 电瓶车游线　14 矿坑花园
03 梯田湿地　　09 栈道　　　　15 地市展园
04 陂塘　　　　10 园区主环路
05 内河湿地　　11 次入口
06 主入口　　　12 小广场

1　　2

图1 项目概况
图2 场地平面图

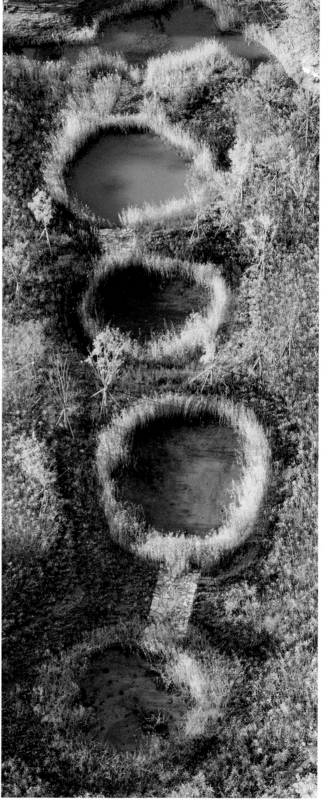

三、项目亮点

　　设计共应用了3种类型的湿地系统：自由水面台地系统、潜流台地系统、沉淀与氧化系统，并排列了5种净化组合进行观察。净化后的水汇集到邻近的湿地，帮助恢复退化的湿地生态系统。设计由木栈道系统连接各观察点、净化平台和构筑物，以便于收集数据和营造沉浸式的景观体验。

　　收集的数据有助于了解水修复的自然过程，并分析变量与性能之间的相关性，以指导未来的设计实践。每天，来自当地水处理厂的15000t预处理废水被净化，有助于恢复20多公顷的湿地系统，与传统水处理工艺相比，每年预计节省100万kW·h的电力。最终，一个城市垃圾场已经成功转变为一个可以供人享受悠闲生活的景观实验基地，同时让游客亲眼目睹污染物（包括氯离子和其他独特颜色的矿物）带来的视觉冲击。

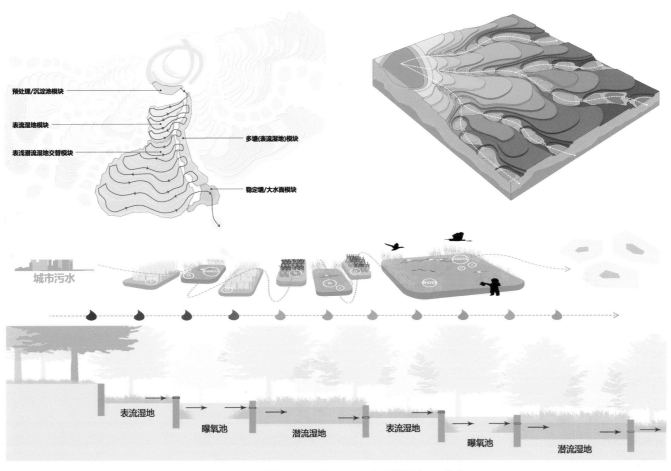

水体净化流程示意：整合三种湿地类型，包括表流湿地、潜流湿地、曝氧池，从而提高整体的生态效益

3 | 4　　5　　图3 梯田和湿地（一）
　　　　　　　 图4 梯田和湿地（二）
　　　　　　　 图5 场地数据分析

017

05
京张铁路遗址公园全线贯通概念方案

项目名称：京张铁路遗址公园全线贯通概念方案
设计单位：中国建筑设计研究院有限公司
项目规模：**3.3km²**
项目地点：北京市海淀区
项目类别：景观规划

设计团队：杨一帆　李　楠　史丽秀　赵文斌　关午军　张　帆　冯霁飞　张长滨
　　　　　刘千伦　郭　慧　邓　龙　杨凌茹　刘　阳　王雨思　李景阳　路　璐
　　　　　杨　陈　朱燕辉　李　旸　贾　瀛　孙鸣飞　魏晓玉　柏婧睿　刘丹宁
　　　　　李　飒　赵铁楠　高晓宇　张桂媛　刘录艺　侯月阳　李得瑞　解　爽
　　　　　王　曦　王　馨

一、项目概况

京张铁路于1909年建成，由詹天佑主持修建，是中国人在积贫积弱中奋起，自主勘测、设计、施工的第一条国有干线铁路，是中国民族精神的象征，它的新旧更替见证了祖国综合国力的飞跃。随着城市的发展，在轨道和铁路的阻隔下，割裂的城市空间造成城市机能衰败。项目深入挖掘京张历史，利用周边高校云集的资源优势，为市民提供多样的共享空间，实现全频段共享的多元生活。

二、设计理念

设计理念为"三线织锦，绣美京张"。通过历史线、生活线、创新线三线对场地进行编织、串联，将各大主题功能片区、节点融入京张铁路遗址公园美好的画卷中，集铁路遗址保护和现代城市生活需求于一体，凝聚创新的力量，展现丰富多彩的多元生活场景。

三、项目亮点

以三线织锦塑造绣美京张，提出三条主线——历史线、生活线、创新线贯穿全园。

（1）历史线——纪念

通过对原詹天佑纪念馆馆长史文义等铁路专家进行访谈，掌握一手京张铁路相关资料。针对京张铁路遗址提出静态保护、文化演绎、活化体验三大设计策略，旨在复兴京张大历史、重现京张遗址价值、传承其精神文化内涵。

理念一：静态保护。指对京张铁路历史建筑和要素进行保护及再利用。

规划保护和修缮西直门老站房、焊轨厂、清华园站等建筑，形成各类京张历史展陈空间，与区域范围内的大钟寺博物馆、笑祖塔院等文物保护单位相呼应，同时设置多处社区文化点、高校文化点，

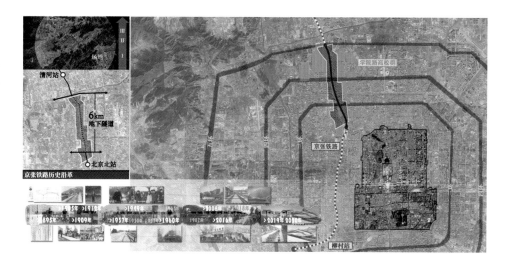

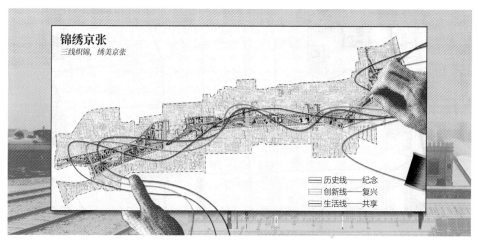

锦绣京张
三线织锦，绣美京张

历史线——纪念
创新线——复兴
生活线——共享

16处京张铁路历史遗迹

图1 夜景鸟瞰图　图3 设计理念
图2 项目背景　图4 京张遗产文化价值

形成京张文化网络，成为推动城市发展的新文化势力。

理念二：文化演绎。指针对京张铁路遗迹点进行文化重现。

规划重现部分道口、信号机、专线、苏州码子等一系列京张铁路遗迹元素，通过文化演绎的方式，增加参与性，更好地体现其历史文化价值。打造京张大IP，结合文创开发，完善收益模式，提供永续活力。

理念三：活化体验。指在遗址公园内通行詹天佑号观光设施，提供可参与式体验。

近期规划9.3km南北贯通的历史骑行廊道，串联起沿线的遗迹点，保留铁轨、信号机等系统要素；远期可开通水产市场至清华园站詹天佑号清洁能源的观光设施，令人获得置身其中的活化体验。

（2）生活线——共享

经过300余次现场访谈和大量问卷调查，针对真实的社区生活需求进行规划设计，秉承全民公园和全时公园的理念。

理念一：全民公园。接通20条断头路，提供2.65万m^{2}的运动场地，增加79万m^{2}的绿地和花园，提供6个菜市场，增加超过9.3km的步行道和骑行道等便民服务设施。通过慢行系统编织公园与社区肌理，提供景观步道、自行车道，形成贯穿南北的慢行系统。梳理周边院校、单位、社区的既有轴线、慢行系统，在关键节点建议局部打开院校、单位院墙，或增设院门，缝合成完整的慢行系统，建立全面共享的公共空间网络。依托场所提供多样设施与服务，针对不同年龄段的市民，实现无障碍设施全覆盖。

理念二：全时公园。突出四季植物景观，在动静分区的基础上打造昼夜景观兼顾、全时段共享的多元生活方式。国际交往是首都的核心职能，公园周边聚集了大量海外人群。设计通过新技术、新艺术等多元手段营造国际化交往氛围，按照国际标准和通行方式提供交往场所。春季游园观花，夏季聚会纳凉，秋季文游市集，冬季冰雪娱乐，全园分时令设置应季活动内容。

（3）创新线——新生

运用500万份大数据资料，对研究范围内各年龄段、各职业的居民、外国人的分布和特点，科创企业的分布和特征进行研究。提出创新雨林、科创胶囊、智慧公园三大创意，将未来

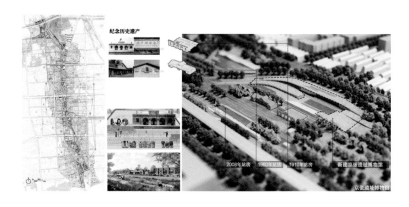

的科创空间向传统行业、日常生活渗透。

创意一：创新雨林。大数据分析显示，该区域具有初创公司多、成功率高、创新能级高、创投资本眷顾、创业项目新、人群年轻化的特点，因此规划有针对性地植入灵活的众创空间、国际化的人才公寓以及丰富而前沿的文体设施，补充创新生态链中缺失的环节与功能，培育高要素浓度的创新生态雨林。

创意二：科创胶囊。科创胶囊在用地沿线灵活布局，通过模块化

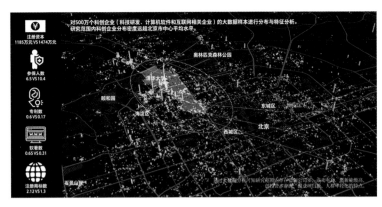

组合的方式，搭建复合、灵活的共享科创空间，为跨国交流、跨界交互、创意交易、专业培训、创意传递提供了丰富的场所选择，24小时支撑全球运行的不间断创新活动。

创意三：智慧公园。规划利用大数据、云计算等新技术，自动检测设施运行状态，场所使用频率，人流、车流动向，安全隐患，植被长势，从而对各类信息实现智能感知、数据分析，及时调整公园设施运行和维护策略，打造智慧生态公园新典范。

06

攀枝花普达阳光国际康养度假区

项目名称：攀枝花普达阳光国际康养度假区

设计单位：广州怡境规划设计有限公司

建成时间：2019年10月

项目规模：208400m²

项目地点：四川省攀枝花市

项目类别：景观规划

设计团队：吴翠平　周显辉　李烜钊　马　洁　高　雁　黄丽清　陈　涛
　　　　　胡籼荣　罗许烁　冯晓扬　黄　浚　林文冬　谢佛森　郭　晨

主创设计：吴翠平　李烜钊　罗许烁

方案设计：黄丽清　陈　涛　高　雁　谢惠强

项目经理：马　洁　胡籼荣

施工图设计：周显辉　冯晓扬　黄　浚

植物设计：马春华　郭　晨

水电设计：林文冬　谢佛森

摄　　影：上海榫卯文化发展有限公司

图例
① 普达湖
② 游客服务中心
③ 音乐草地
④ 山地花海
⑤ 无限环桥
⑥ 多肉植物园
⑦ 五谷道场
⑧ 亲水沙滩
⑨ 滨水轻食餐厅
⑩ 山地儿童乐园
⑪ 滨湖假日小镇
⑫ 假日码头
⑬ 骑行公园
⑭ 山普达休闲坝
⑮ 瞭望台
⑯ 大地景观花园
⑰ 森林氧吧

一、项目概况

攀枝花地处北纬26°，独特的自然环境条件赋予其"阳光花城，康养胜地"的新名片，未来将成为我国西部的阳光康养城市和阳光康养产业发展示范区。

普达阳光康养度假区位于两大山脉的山谷地带，高差变化大，景观视野开阔壮丽。

场地位于攀枝花中部地区，由9km²的山地组成，设计使用地理信息系统（geographic information system，简称GIS）和地面分析来进行专业的旅游规划设计。

目前项目完成了度假区内普达环湖区的景观设计，景观设计面积为208400m²。

二、设计理念

普达阳光国际康养度假区以阳光游乐、滨湖康养、山地度假、健康运动四大板块为大健康产业布局载体。

作为四大板块的承启区域，滨湖康养板块是普达项目的城市客厅、度假核心。

充分利用地形高差、山地资源与普达湖的滨水资源优势，布局规划花海瀑布、森林氧吧、多肉植物展馆、五谷道场、亲子乐园、无限环桥等多个特色空间，打造世界一流的康养度假胜地。

三、项目亮点

（1）基于GIS分析的景观规划和设计

通过对设计场地进行GIS分析，决定根据场地地形地貌，在最大限度地保护原生山地环境不受破坏的前提下，重新调整原规划道路，满足城市道路设计规范的同时，避免大量工程挖填方，以保留得天独厚的山体地貌、植物植被与水体资源，赋予开发社区最大的景观价值。

注：蓝牌为常水位、枯水位的标识线位。

注：图中橙色数字为道路标高。

1　2

图1　平面图
图2　GIS规划调整

（2）生态环境的修复

因项目地处被誉为"世界植物避难所"的横断山脉腹地，设计充分考虑在地性，对场地周边的山坡进行保护性生态复绿，利用本土植物品种，最大限度恢复植被的多样性，提高水土涵养能力。同时，创造更多的绿色空间，体现开发区自然康养的概念。

（3）可持续的健康的社区公共空间

设计充分考虑不同年龄段使用者的需求，在尊重自然、地形的前提下营造丰富有趣的景观空间。在利用原始高差的同时，通过对微地形的重新塑造和调整，完成了能满足所有年龄层使用需求的系统

性无障碍设计。

利用场地自然气候优势，选取本土的植物品种，以弱化人工与自然边界的方式来营造公园。

根据普达湖的水位变化进行生态驳岸设计，避免硬质驳岸，实现山体与水体之间的自然过渡和衔接，构建可以康体散步、休憩玩耍的亲水空间。同时，利用原始场地的高差，为青少年营造安全有趣的无动力乐园。

（4）康养文化的植入

在景观设计过程中特别注重生态、社会与美学三者的平衡，并在设计的细节中巧妙地植入康养文化。将中国传统的二十四节气的自然康养知识以设计语言进行诠释，并体现在湖面上无限环桥的栏杆，以及铺地和灯光等设计细节上。

同时，结合中国古老又著名的《黄帝内经》中的经典养生词句与芒果叶造型，设计了滨水长廊的扶手栏杆，让人们在生活的细微处体验顺应自然、合乎于道的中国传统康养文化。

景观设计构建了空间格局上的轴线空间及景观视觉廊道，连接山峦谷地中大开大合的壮阔景观，营造坡地上的花海瀑布，让人们在山川大地之上、跌宕起伏的花海之中自由奔跑，放松呼吸，疗愈心灵。

（5）实现土地开发的溢价值

设计在满足城市开发需求与自然景观美学的基础上进行生态景观规划与设计，为开发区创造了更大的因地制宜的隐形价值。

3		5	6
4		7	8

图3 生态环境修复实景　　图5 多肉植物园实景　　图7 二十四节气康养文化特色跑道实景

图4 花川流瀑实景　　　　图6 亲水沙滩实景　　　图8 无限环桥实景

07 上海青浦环城水系公园一、二期

项目名称：上海青浦环城水系公园一、二期

设计单位：华东建筑设计研究院有限公司

　　　　　上海现代建筑装饰环境设计研究院有限公司

建成时间：2020年7月

项目规模：约150hm²

项目地点：上海市青浦区

项目类别：景观设计

设计负责人、主创：施　皓

景观专业负责人：陈　敏　郁　超

绿化种植专业负责人：汤凤娟　戴雯婷

景观设计：徐　欣　陈治如　刘　丽　王春晖　卫品佑　孟舒方
　　　　　岩　路　程竹清　许立佳　朱枫丹

建筑设计：刘嘉侃

水利设计：季永兴　朱广安　陆　扬　朱晓丹

摄　　影：卫品佑

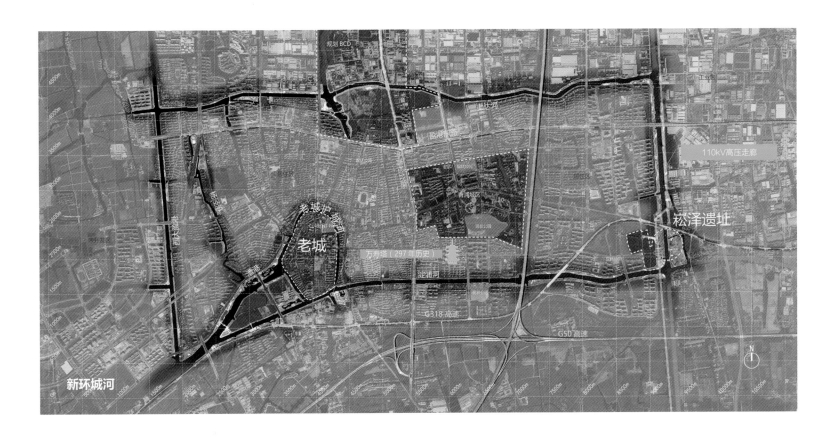

一、项目概况

　　青浦是上海西部重要的节点城市，水网密布。青浦环城水系公园是依托环青浦城区的淀浦河、油墩港、上达河、西大盈港四大骨干河道而建的城市滨水绿地改造项目，河道总长约21km，公园设计总面积148.5hm²。设计着眼于城市更新与生态修复，采取了大量的绿色举措，将景观、服务配套设施、城市基础设施与水体紧密结合在一起，将围绕青浦城区原本杂乱的4条滨河场地，变成了生机盎然且能够承担丰富社区活动的公共滨河公园。

二、设计理念

　　公园以"滨水生态修复"和"还岸于民"为设计宗旨，充分发挥城市水系"防洪除涝、生态筑底、风貌营建、运动休憩、文化教育"的综合功能，重塑工业化与城市扩张下滨水区生态、生产、生活的关系，恢复青浦地区人、水、城和谐共生的传统，提升城市公共空间的服务功能与城市韧性。

1	2
	3

图1 总平面图
图2 淀浦河——滨水景观
图3 上达河——韧性城市

三、项目亮点

（1）增加可达性：连接生活

公园用景观道路系统建立了一个完整贯通的沿河滨水慢行系统，在两岸各设置了一条连续、贯通的4m宽的主道路（长约28.6km），兼具跑步和骑行功能，一条2m的步行道（长约39.2km），增设了33座人行、车行桥梁，增强了道路与周边社区及城市道路的贯通度和联系，也增强了社区之间、社区与城市的联系。

（2）历史文化传承

设计谨慎地对待场地中城市留存的宝贵历史遗迹，在低干扰的原则下，提供多样的方式和场地，让人们能够近距离感受历史的魅力。通过对重要历史节点的设计重新唤起城市记忆，历史的记忆通过规划获得新生。

（3）提升社区活力和社会公平

超长、跨越众多社区的公园，提供了密集的场地和设施，完善了城市的服务功能。公园将扩大社区外延并实现对话目的，其核心是建立一个适合所有年龄阶段人群使用的共享空间，同时在自然资源丰富的河岸环境中建立被动式的休闲娱乐场地。营造众多充满活力的休憩空间，如驿站、廊架、码头、游戏区、球场、慢行系统、多用途的草坪以及组团景观绿化和生态湿地等。

（4）生态设计

设计保留了场地中的大量乔木并着重保留了20年以上树龄的柳树和香樟，并以此为核心塑造了植物生境，不仅形成了多样的生态系统，还降低了工程投资的风险，保护了场地的生态环境，延续并加强了场地的风貌特色。

图4 淀浦河——公园道路贯通
图5 上达河——上善桥与上善广场
图6 淀浦河——青溪公园与万寿塔
图7 淀浦河——水城门
图8 油墩港——高压线下的绿地

08

2022年冬奥会崇礼主城区
南部片区空间品质提升设计

项目名称: 2022年冬奥会崇礼主城区南部片区空间品质提升设计

设计单位: 中国建筑设计研究院有限公司生态景观院

建成时间: 2021年10月

项目规模: 423hm²

项目地点: 河北省张家口市崇礼区

项目类别: 景观提升

总设计师: 李存东

设计主持人: 路璐

景观专业: 邸青 冯然 张云璐 黄潇以 刘玢颖 赵金良 任威
刘奕彤 孙雅琳 柏婧睿 魏晓玉 侯月阳 解爽 李得瑞
孟语 颜玉璞 王振杰 赵爽 陆柳 徐瑞 李甲
曹雷 张丽 刘子贺 何学宇 张堉斌

交通专业: 洪于亮 赵林 赵光华 李奕骧 孟令扬 郝世洋 张兴雅
王健彤 杜倩雨 顾文津

合作设计单位: 宁之境照明设计有限责任公司
泛在建筑技术（深圳）有限公司

摄影: 张锦影像工作室

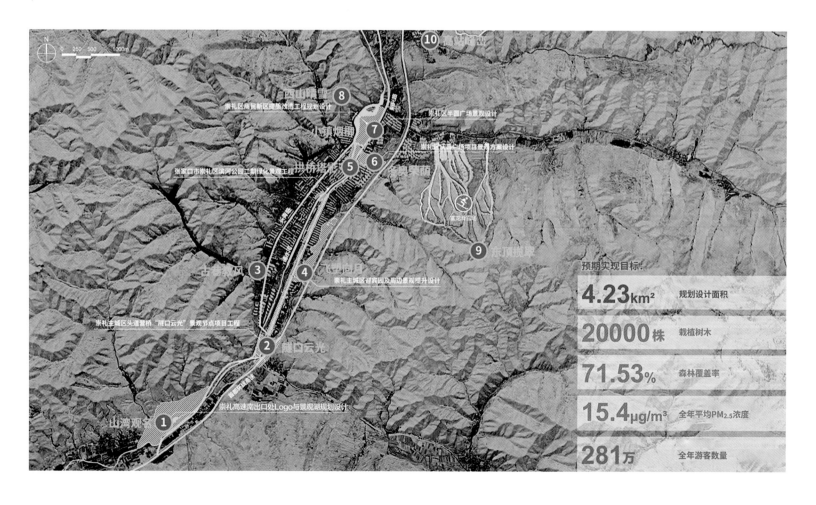

预期实现目标:

4.23km² 规划设计面积

20000株 栽植树木

71.53% 森林覆盖率

15.4µg/m³ 全年平均PM2.5浓度

281万 全年游客数量

一、项目概况

项目位于河北省张家口市崇礼区，总规划面积423hm²。作为2022年冬奥会雪上项目的主竞赛场地之一，崇礼走上了冬奥的舞台，吸引了世界的目光。在这千载难逢的历史机遇下，崇礼也面临风貌凌乱、缺乏特色、品质低下、城市与自然割裂等多重挑战。冬奥品质标准与小镇现状之间、脆弱山谷生态与城市发展之间、便捷交通网与生态自然完整性之间、极寒气候特点与四季景观之间存在的矛盾亟待化解。

二、设计理念

项目秉承"心象自然"设计理念，通过认识自然、解读自然、心象自然的方式协调人与自然的关系，将城市融入自然山水。在总体规划中，整体打造崇礼主城区"十景、一河、两路、多点"的城市风貌空间结构，实现冰雪之城与森林之城交相辉映的设计愿景。

三、项目亮点

通过生态修复、城市更新、全民共享、设施集成四大实施路径，开展各项城市设计和风貌管控工作，突出崇礼地域特色，延续山水肌理与文化脉络，让城市镶嵌于自然之中。

（1）生态修复

了解全域自然基底，明确生态修复需求，建立适合当地极寒气候和地理条件的植物库，大量种植经济作物，降低维护成本，为动物提供栖息地。种植2万多棵耐寒抗风的本土植物，修复被

城市建设破坏的自然山体。在城区中提高遮阴覆盖率，为市民营造良好的生活环境。采用以乡土植物为主的自然式乔灌草复合型种植方式，通过针叶林与阔叶林的搭配保证四季景观效果，营造良好的河岸生境。

（2）城市更新

现状公共空间存在难以利用、缺少特色、缺少人气的问题，通过引入新功能、新技术、新形象激活消极空间，焕发城市活力。

新功能：引入儿童公园和运动场，将闲置空间转变为新型的共享公共空间。

新技术：首次应用了水下碲化镉光伏技术，实现对近零能耗的探索，解决碳排放量高的问题，创造具有社会价值的可持续奥运遗产。

新形象：在施工中大量选用本土铺装材料，呈现城市景观的新面貌。

（3）全民共享

崇礼居民缺乏活动场地和娱乐设施，该项目在10分钟的生活圈内提供聚集空间，打造14.8km的无障碍道路，服务于各类人群，确保人人共享城市。为社区创造便于到达的运动场、公园、广场、儿童游乐场等社交空间，为附近居民提供户外生活的目的地，给城市带来活力。为老人提供便捷生活的条件，为儿童创造更多与自然接触的机会。

（4）设施集成

根据当地道路交通条件，因地制宜提出设置综合设施带的设计理念，提升街道整体风貌，为行人提供良好的慢行空间。分设无障碍、绿化及设施专用道，减少互相干扰，为未来设施增设预留空间。整体把控设施小品风格，契合小镇风貌，展现崇礼特色。

项目建成后，为崇礼增设公园广场12hm²，更新开放空间15hm²，覆绿裸露山体20hm²，栽植树木2万余棵，整体打

造出"十景、一河、两路、多点"的城市风貌空间结构，呈现生态友好的人居环境和城景交融的小镇风貌。城市面貌的变化与更新，带动了崇礼全域经济复苏，崇礼从旧城转变为幸福活力小镇，留下了绿色可持续的冬奥遗产，向世界展现了地域魅力和时代风采。

4	5	8
6	7	9

图4 近零能耗光伏水景建成实景
图5 高架桥下运动公园建成实景
图6 全民共享活动平台建成实景
图7 综合设施带建成实景
图8 城景交融的特色风貌
图9 富有魅力的冰雪小镇

09

日照白鹭湾樱花小院

项目名称：日照白鹭湾樱花小院

设计单位：广州山水比德设计股份有限公司

建成时间：2021年4月

项目规模：全区9.7万m²

项目地点：山东省日照市

项目类别：景观设计

设计团队：孙　虎　刘宋敏　陈静雯　辛柯南　邝　龙

摄　　影：广东新山水文化发展有限公司

一、项目概况

日照白鹭湾樱花小院是一个集小镇入口、森林车道、公园、住宅于一体的康养文旅小镇项目。项目尊重原始自然山林气氛和樱花小院生活精神，从三大亮点进行设计：一是因地制宜，利用纯樱花林和当地毛石材料，进行建筑景观一体化设计；二是四时森林，结合森林谷地，将自然山林体态融入空间设计；三是生活方式，将景观打造成集艺术与自然于一体的多元化生活容器。项目始终贯彻描述一种生活的意境——"树下菜汤上，飘落樱花瓣"。

二、设计理念

一气呵成，一种材料，一种语言，一见倾心。没有主观、武断的臆测，而是顺着场地提供的线索，将场地精神以一种全新的形式传承下去。

初到场地之时，断山危崖的冷峻令人印象深刻，野蛮的城市扩张已让它饱受摧残。复原已无益，故采用了一种扎根的设计策略介入场地，将场所原本的精神进行了最大限度的保留。

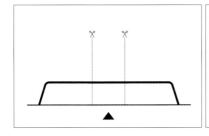

1		3	
2	4	5	

图1 平面图
图片来源：孙虎创新研究院

图2 入口区
图片来源：广东新山水文化发展有限公司

图3 入口生成
图片来源：孙虎创新研究院

图4 入口区
图片来源：广东新山水文化发展有限公司

图5 弧形挡土墙
图片来源：广东新山水文化发展有限公司

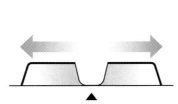
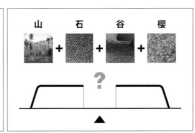
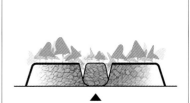

山 石 谷 樱

三、项目亮点

　　通过大地自然而然的治愈能力，顺其自然还原场地的风貌；自然的毛石，从地面延伸至人行道至墙体；通过对漫山遍野的樱花进行多次规格调控和特定角度的种植，打造樱花山谷的自如生境；山谷大门不仅让旷野的毛石与柔情的樱花相融，还让光影柔软的一面洒落在流动的墙面上，更让人、车、生灵在通过大门的路上体味到独特的柔情；"小森林"公园则是一个自然、自在、舒适、万物自由生长的诗意空间，拙朴而又精致。

6 | 7 | 9
| 8 | 10

图6 毛石与樱花
图7 "小森林"公园
图8 "小森林"公园主园路
图9 "小森林"公园儿童活动区
图10 "小森林"公园儿童活动区
图片来源：广东新山水文化发展有限公司

10 十里杜鹃——深圳梧桐山国家级风景区山顶森林植被恢复景观设计

项目名称：十里杜鹃——深圳梧桐山国家级风景区山顶森林植被恢复景观设计

设计单位：广东文科绿色科技股份有限公司（原深圳文科园林股份有限公司）

　　　　　深圳市梧桐山风景区管理处

建成时间：2021年10月

项目规模：49.8万m²

项目地点：广东省深圳市

项目类别：景观设计

设计团队：王定跃　郑建汀　路　洋　邱文燕　李文华　白宇清　黄煦原

　　　　　徐　滔　张开文　苏洪栋　陈　虹　沈　靖　王　霞　王宇航

主创设计：王定跃　郑建汀　路　洋

方案设计：张开文　陈　虹　沈　靖

施工图设计：黄煦原　李文华　徐　滔

植物设计：郑建汀　邱文燕　张开文　白宇清　王　霞　王宇航

水电设计：苏洪栋

摄　　影：黄煦原　唐海圳　缪　华　师建伟　钟百迪

电视塔　春鹃园　羊踯躅园　凤凰台　映山红园　蝴蝶谷　高山杜鹃园　好汉坡　豆腐头　夏鹃园　东鹃园

一、项目概况

梧桐山风景区为深圳市唯一的国家级风景名胜区，杜鹃资源丰富，其中，毛棉杜鹃是世界上自然分布在纬度最南、海拔最低、大都市中心的唯一乔木型杜鹃。设计遵循植物生态学原理，在现有杜鹃资源基础上开展抚育提升、科学引种，构建杜鹃自然生态群落。成功营造了群落健康、结构完整、功能良好、景观突出的杜鹃花海景观。项目成为深圳"最受欢迎花景"，打造了深圳生态名片，树立了大湾区"美丽中国"建设标杆。

二、设计理念

设计充分利用"世界唯一""世界之最"的杜鹃资源优势，开展抚育提升，师法自然，实现杜鹃资源景观与自然高度融合；统筹规划、分区设计，运用点、线、面结合的设计手法，打造世界性南亚热带杜鹃景观；保育各类杜鹃资源，完善杜鹃资源种质基因库，推动杜鹃资源研究保育。

1	2
	3

图1 梧桐山杜鹃专类园平面图
图2 梧桐山鸟瞰图
图3 因地制宜，根据地形调整结构

三、项目亮点

打造世界性南亚热带杜鹃景观，在梧桐山现有杜鹃的基础上抚育提升，建设杜鹃自然专类园，将杜鹃花海打造成深圳品牌，使其成为有国际影响力的杜鹃群落景观。

设计在各景观节点通过起承转合的景观序列进行串联，打造富有节奏变化的景观节点，形成点、线、面复合景观结构。在重要节点、空间开敞等区域或种植杜鹃丛，或孤植杜鹃进行景观提升改造，营造满山"一路山花呈锦绣"的壮丽景观。

组织游线，提升景区活力。划分不同杜鹃专类园区域，丰富杜鹃观赏主题，展现杜鹃的姹紫嫣红、多姿多彩。以不同品类的杜鹃进行分区规划，不同场地空间采用不同种植形式，分别形成花山、花境、花墙、花篱、花道各色景观空间。依据山

上自然地势的差异，予以杜鹃素材的填充，打造异彩纷呈的杜鹃景观。保育杜鹃种质资源，打造梧桐山杜鹃特色景观。

生态效益——丰富杜鹃群落和景观的多样性。输出生态价值，丰富群落结构，景观林总生态服务价值为95.82亿元/年，维持生物多样性价值为92.83亿元/年，气候调节价值量为0.06亿元/年，杜鹏品种扩增至近100种。

社会效益——打造最受深圳市民欢迎的花景，实现功能升级、热度升级。梧桐山成为深圳市民休闲娱乐、举办活动展览、运动健身、接受教育、婚纱摄影的热门选择。

经济效益——实现经济可持续发展。2016—2021年，毛棉杜鹃花会共吸引游客约257万人次；花会期间，毛棉杜鹃休闲游憩产生价值约3.855亿元；平均每届产生的生态文化经济价值约0.77亿元。

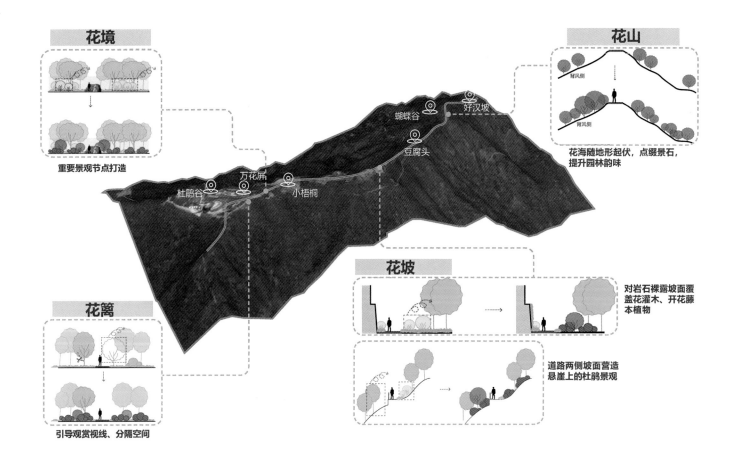

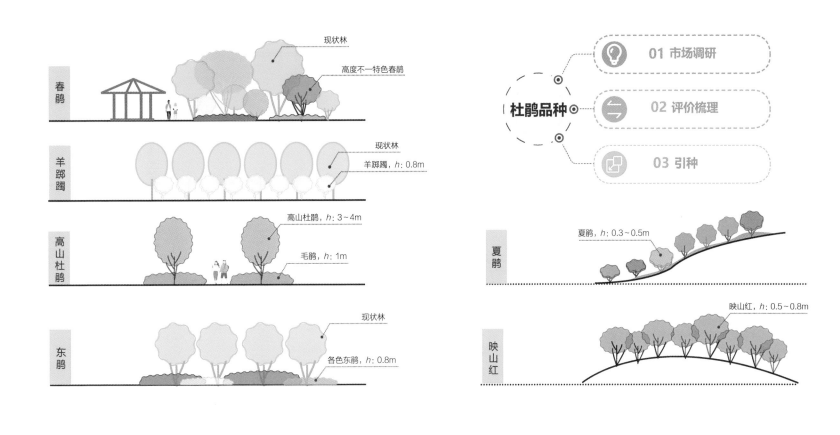

春鹃
现状林
高度不一特色春鹃

羊踯躅
现状林
羊踯躅，h: 0.8m

高山杜鹃
高山杜鹃，h: 3~4m
毛鹃，h: 1m

东鹃
现状林
各色东鹃，h: 0.8m

杜鹃品种
01 市场调研
02 评价梳理
03 引种

夏鹃
夏鹃，h: 0.3~0.5m

映山红
映山红，h: 0.5~0.8m

4　　5/6　　图4 设计节点　图5 合理搭配种植各种杜鹃　图6 异彩纷呈的杜鹃景观

晨曦·小梧桐　　迷雾·小梧桐　　云海与杜鹃　　雨后的杜鹃

$\dfrac{7}{8}$　图7 建成实景（一）

　　　图8 建成实景（二）

二 景观

设计类

11 阿那亚柠檬泳池景观设计

项目名称: 阿那亚柠檬泳池景观设计

设 计 单 位: Instinct Fabrication本色营造

建成时间: 2020年7月

项 目 规 模: 6563m²

项 目 地 点: 河北省秦皇岛市阿那亚度假区

项 目 类 别: 旅游度假

设 计 团 队: 楼 颖 郭 玮 宋英佳 闫 鹏 胡炜欣 刘瑗琳

主 创 设 计: 楼 颖

方 案 设 计: 郭 玮 胡炜欣 刘瑗琳 闫 鹏

施 工 图 设 计: 宋英佳

植 物 设 计: 高文毅

水 电 设 计: 陆 清(电) 洪 丹(水)

结 构 设 计: 陈 钢

摄   影: 河狸景观摄影

1	2
	3

图1 场地区位
图2 项目区位环境
图3 柠檬泳池和无边泳池

一、项目概况

项目场地位于阿那亚海滩边的ClubMed地中海酒店南侧,在炎炎夏日里,泳池成为海边难得的水上游乐空间。

二、设计理念

柠檬泳池的设计是从一个鲜艳的"柠檬片"开始的，设计想要使用者感受到放松和童趣，仿佛懒洋洋地躺在沙滩上喝着柠檬汁。

三、项目亮点

设计为了保持"柠檬片"的通透纯净感，选用了白色、浅黄色和黄色三种水晶马赛克做池底，分别呈现柠檬瓤、柠檬皮和柠檬肉三部分。三色水晶马赛克的拼贴铺设使泳池在远处看是一幅完整的柠檬图案，丰富了细节。

池底呈现中心高边缘低的形态，中央浅水区结合涌泉设置，高低涌动的泉水与变化的池底水深使游泳池对不同年龄段的孩子都具有娱乐性、互动性和友好性。

与柠檬游泳池的明亮黄色形成鲜明对比的是，邻近的成人泳池运用纯白钢结构廊架，与白色沙滩色调相近的仿芝麻白陶瓷砖铺装围绕柠檬泳池贴合铺砌，这种来自大自然的包容性令人惊叹。

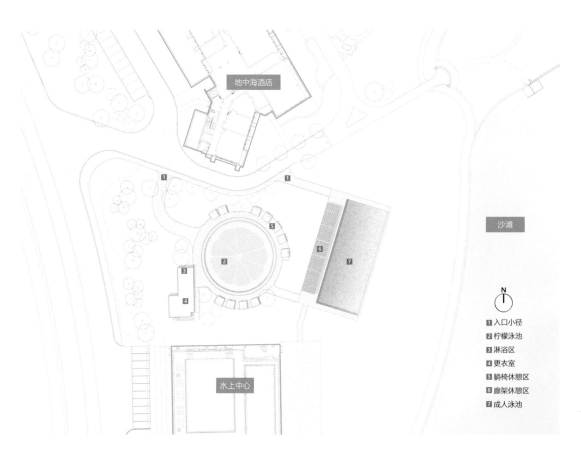

地中海酒店

沙滩

N

1 入口小径
2 柠檬泳池
3 淋浴区
4 更衣室
5 躺椅休憩区
6 廊架休憩区
7 成人泳池

水上中心

泳池剖面分析

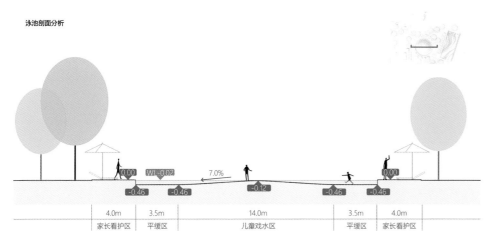

| 4.0m | 3.5m | 14.0m | 3.5m | 4.0m |
| 家长看护区 | 平缓区 | 儿童戏水区 | 平缓区 | 家长看护区 |

再生水晶马赛克
柠檬泳池铺装模数1

再生水晶马赛克
柠檬泳池铺装模数2

再生蚌壳马赛克
成人泳池铺装模数

12

成都安仁·林盘庄园

项目名称：成都安仁·林盘庄园
开 发 商：成都安仁华侨城文化旅游开发有限公司
设计单位：基准方中建筑设计股份有限公司
设计团队：成都景观事业部
建成时间：2018年10月
项目规模：约920亩*
项目地点：四川成都安仁古镇
项目类别：景观设计

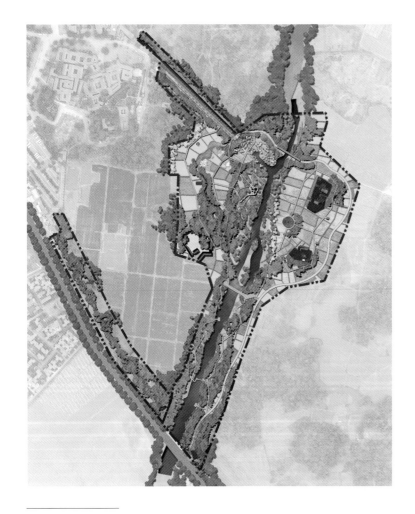

* 1亩≈666.7m²。

一、项目概况

　　安仁·林盘庄园项目位于成都西南的"中国博物馆小镇"——安仁，项目毗邻刘氏庄园与安慧里商业街区。场地呈现典型川西林盘肌理，田林水宅相映成趣，自然景观优越。首先，作为国家首批特色小镇的重要组成部分，实践国家新型城镇化战略、实现乡村振兴、完成川西林盘修复与保护，是其肩负的历史使命。党的十九大报告提出"产业兴旺、生态宜居、乡风文明、治理有效、生活富裕"20字方针以指导乡村振兴建设。基于此，设计考虑完善基础设施建设，提升生活品质，并将其作为乡村健康有序发展的前置条件。其次，保护传承特有的生态基底与文化，挖掘林盘文化作为优秀文化遗产予以传承，恢复林盘这一集生态、生产、生活、文化、景观于一体的乡村人居聚落，保留其传统的生活记忆，赋予林盘新的生活沉浸式体验。再次，引入产业与人才以及田园综合体理念，将其作为安仁实现乡村振兴的一个重要途径。

二、设计理念

　　项目针对丰富的林盘资源，在规划设计中，遵从整体保护与生态文化建设相结合、分类保护与经济发展转型相结合、利用保护与产业政策调整相结合的原则。将"田园经济+"与乡村振兴相结合，以林盘资源为本底，提出生态保护与文化传承相互融合的景观新模式，打造"天府林盘·竹韵原乡"之景象。在保护空间形态、生活方式、物质与非物质文化遗产的基础上，抽取林盘"道法自然、天人合一"文化内核，引入休闲、旅游、文创等产业，实现产业更新与重构。将景观、生活、休闲、体验相融合，构建功能复合、生态有趣的人居空间新环境。

1	2
3	4

图1 总平面图
图2 首开区水西东林盘文化交流中心鸟瞰
图3 首开区景观架空步道鸟瞰
图4 首开区景观架空步道实景

三、项目亮点

抽取林盘核心竹文化中色、声、形、姿、味构成竹意六感。赋予项目以故事体验性，于示范区范围内打造"四说、五记、十六话"。通过打造野趣林盘、原乡林盘、水韵林盘、耕读林盘四类不同主题与空间特色的林盘区域，赋予川西林盘新的含义。设立以传统的农耕生活时间为线索演绎的归家之路、水田耘作、林宅逸趣、日落闲暇、雅集清聚五大游览主题，在契合游客游览顺序的同时，使游客获得更完整而原真的体验。在此基础之上，设置寻陌、听泉、画桥、访竹、乐野、步虹等16处带给人不同感受的景致，细化并充实各主题分区，进一步构建完整的游览体验体系，实现乡村经济振兴。

位于桤木河东岸的水西东林盘文化交流中心作为先期呈现部分，其周边被大面积的田野与竹林环抱。

景观设计秉持低影响开发、生态优先的原则，对林盘的原始风貌进行了最大限度的保留，新建建筑与场地内植被和谐共生，半隐于林盘之中。俯空而视，犹如颗颗宝石散落其间。

5	6	7
	8	9

图5 林盘酒店景观俯视图
图6 对原生植物予以保留并利用乡土竹材料打造的入口空间
图7 原乡主题玩耍空间
图8 竹元素小品及荒料石步道
图9 就地取材制作的鸟屋小品

在场景及设施小品设计中也融入林盘主题植物——竹。通过特色种植、将竹提炼为简洁而具有现代感的设计语汇等手法，在场地细节与空间中强化项目的主旨文化内核，回归场地最为本源的记忆。

细节处理上，道路的铺装以荒料石和砾石为主，人行道以青石板或板岩的汀步为主，围墙设计采用农家常见的竹编篱笆加茅草的形式，导视牌、小品等直接就地取材，以场地清理植被所得的树枝、树干等材料制作，体现浓郁的川西乡间风情。

场地及公共空间的铺装图样设计也体现着对安仁林盘文化的传承与延续，地面logo地雕设计，正是演绎自发掘于安仁的东汉收获弋射画像砖，在记录农耕时代安仁辉煌的同时，也是对千年林盘文化的最好表达。

安仁·林盘庄园项目在设计中给予了场地肌理与文化最大的尊重，期望规划设计在赋予安仁林盘新生与活力的同时，也留住那些属于它的过往的记忆。设计想要呈现的，正是川西林盘随时间流逝的、曾经最美好的模样——那些让人可沉静下身心细细品味的，独属于场地的风貌。正可谓"万里归来颜愈少，此心安处是吾乡"。安仁林盘庄园被打造为一处心安之地，在这里可以与遗失已久的乡愁做一次最深情的相拥。

13

北京城市副中心芙蓉小学
海绵校园更新

项目名称：北京城市副中心芙蓉小学海绵校园更新

设计单位：瓦地工程设计咨询（北京）有限公司

建成时间：2019年9月

项目规模：22667m²

项目地点：北京城市副中心

项目类别：景观设计

设 计 团 队：瓦地工程设计咨询（北京）有限公司
            南京市市政设计院

主 创 设 计：吴　昊

方 案 设 计：陈　赛　李　辰　张子阳

海 绵 设 计：袁军营　魏九群

施工图设计：杨静怡　张子阳　张　黎

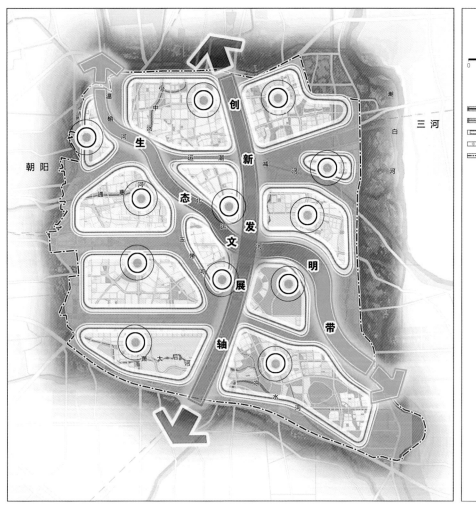

1　　　2

图1　城市副中心空间结构规划图和项目区位图
图2　总平面图

一、项目概况

项目所在的北京城市副中心是北京新两翼的一翼，将着力打造国际一流的和谐宜居之都示范区、新型城镇化示范区，未来将形成"蓝绿交织、水城共融、清新明亮"的生态城市格局，形成"两带、一环、一心"的绿色空间结构。以大运河为骨架，依托水网、绿网和路网勾勒出12个民生共享宜居组团，芙蓉小学是01组团的核心地块，力图通过校园环境更新，构建可呼吸的海绵细胞体和"城市山林"。

芙蓉小学位于北京市通州区东果园街北侧。项目红线范围面积22959m^2，是一所由通州区委区政府倾心打造的区域名校。

设计从2018年2月开始，根据海绵城市相关规划要求和建设初衷，场地的年径流总量控制率需要达到80%以上，年径流污染控制率（SS）大于51%，不仅需要解决雨水径流污染和排水不畅等问题，同时需要提升景观环境品质，改善交通组织，优化绿地空间，使旧的校园焕发新的活力，实现生态性、教育性和文化性并重。

二、设计理念

项目注重海绵功能+创新教育模式充分落地，使学生充分体验海绵科技和文化，与水环境和水过程进行互动，实现四个"海绵+"。

海绵+芙蓉文化： 打造样板生态海绵校园，深入结合校园自身文化和教育理念。

海绵+知行教育： 设计有趣和实用的教育展示系统，如"海绵大使"评选；增强学生对低影响开发（low impact development，简称LID）技术、湿地水处理系统、雨水收集罐等做功原理的认知，力求校内海绵设施由学生自行维护管理。

海绵+智慧校园： 实现"智慧/智能校园"初尝试，将海绵监测、小气象站、海绵展示牌、小学课外创新活动相结合。

海绵+综合效益： 通过海绵提升学校形象，景观改造结合场地使用空间，满足学校停车、出操等基本使用需求。

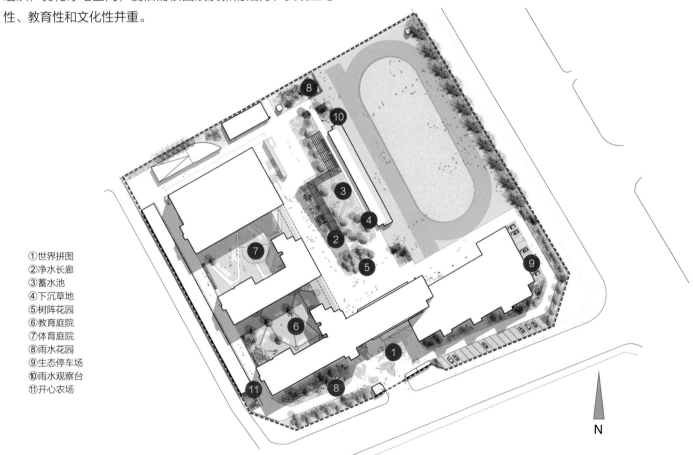

①世界拼图
②净水长廊
③蓄水池
④下沉草地
⑤树阵花园
⑥教育庭院
⑦体育庭院
⑧雨水花园
⑨生态停车场
⑩雨水观察台
⑪开心农场

N

三、项目亮点

　　校园更新共建设雨水花园1218m²，台地净化长廊（滤池）181m²，雨水回用池63.5m³，透水铺装5326m²，中心花园集水草坪289m²。雨水降落至地块内绿地、硬质屋顶、道路、广场铺装等下垫面上，汇集形成地表径流，沿地势坡向，雨水进入下凹式绿地、雨水花园、排水沟、湿地长廊等LID设施，经滞、蓄、渗、净、用、排等过程，溢流和泄空排放雨水，部分进入地下雨水管网排放系统。

　　台地净水长廊工艺上选择串联多级型潜流滤池和清水芙蓉滞留塘，以水生、湿生植物打造小型湿地生态效果，平时负责对回用池中储存的雨水进行循环净化。

　　校区后院的带状绿化用地是重要的景观节点，此处对小农夫菜园和雨水花园进行一体化设计，辅以排水渗沟、雨水收集罐等节水设施，实现景观功能、生态功能、教育功能的深入结合。学生于这里亲近自然，学习种植蔬菜和使用雨水回用罐，在劳动中体会收获的乐趣并初步感受人和大地的关系。

　　项目是北京副中心第一个实现了"海绵+创新教育"模式落地的设计，使学生充分体验生态科技和文化，与水互动，将海绵监测、小气象站、开心农场、湿地水轴和小学教育结合起来，寓教于乐，实现了树立北京市生态海绵校园样板的目标。

3	4
	5
6	7

图3 主入口建成效果
图4 台地净水长廊和收水草坪（下设回用池）
图5 清水芙蓉滞留塘——荷花池呼应"思汇芙蓉，出于清水，秀之世界"的学校文化
图6 小农夫菜园建成图
图7 雨天中的滞留塘

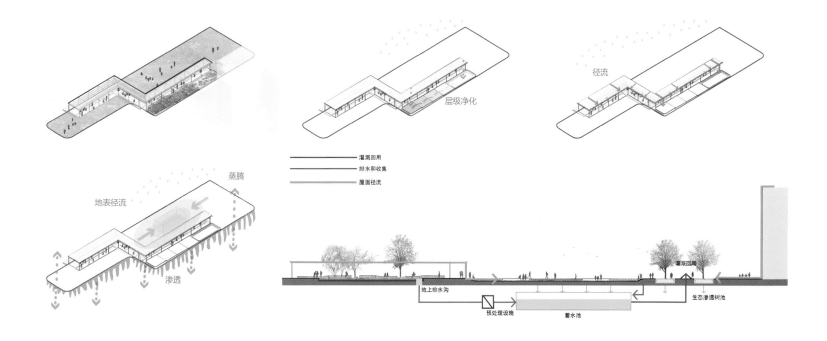

径流

层级净化

蒸腾

地表径流

渗透

灌溉回用
排水和收集
屋面径流

灌溉回用

地上排水沟

预处理设施

蓄水池

生态渗透树池

14 北京阳光城溪山悦音乐农庄

项目名称：北京阳光城溪山悦音乐农庄　　　　项目地点：北京市密云区溪翁庄

设计单位：深圳奥雅设计股份有限公司　　　　项目类别：住宅设计

建成时间：2020年9月　　　　　　　　　　　设计团队：奥雅北京公司项目十二组

项目规模：25374m²　　　　　　　　　　　　摄　　影：一辉映画

一、项目概况

溪山悦音乐农庄位于北京市密云区白河东畔，在土地成为稀缺资源的当代，湿地与林业用地的特殊属性使这里成为城市圈难得的山林绿洲。通过充分保留原有的场地环境与特色，设计以低影响、轻介入的手法打造沉浸式山居体验，让生活融于自然。

二、设计理念

设计尊重原有的场地条件，结合度假休闲农庄的定位，嵌入音乐演出、儿童娱乐、帐篷营地、篝火狂欢等功能。同时，以低影响开发的手法将农庄景观融于现有场地环境，借景周边的自然山林，将空间的边界外延，用自然模糊空间的界限，借山林之势，营造无界式农庄景观，为地块带来新生与价值。

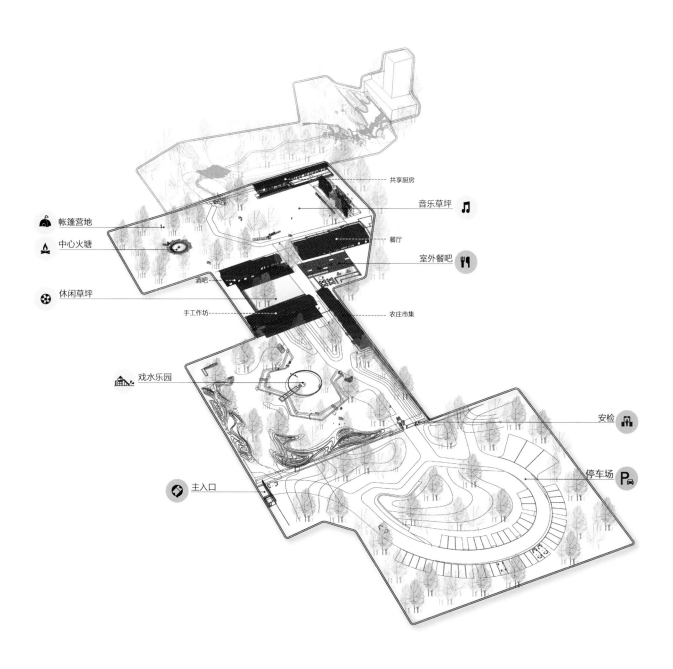

帐篷营地
中心火塘
休闲草坪
戏水乐园
主入口

共享厨房
音乐草坪
餐厅
室外餐吧
酒吧
手工作坊
农庄市集
安检
停车场

1   2

图1 周围环境及场景俯瞰
图2 场域功能分析

三、项目亮点

　　毗邻白河湿地，远眺起伏山脉，阳光城溪山悦音乐农庄处在山光水影的环抱中，拥有极佳的景观资源，设计力求保留并融入这片广阔的山林自然。

　　通过对空间的梳理，农庄以借景的方式，将周边环境揽入内部视野，模糊了边界，农庄本身的美感也被放大。整个场地分为前、中、后三个部分，前场以戏水池为中心，布置多种游乐设施，活跃气氛。颜色与天然背景白绿相衬，柔和的圆形池身与后场的火塘形态相呼应。后场围绕火塘，白色的露营帐篷散布林间，供游客休憩，场地中心则设计下沉剧场，用于篝火派对的狂欢。两片区域恰由中场的草坪与餐吧连接，既调节整体空间的节奏与氛围，也为场地提供更多可能。

　　出于用地性质及低成本控制等原因，场地中的硬质元素较少，并且在用材上多使用杂色系块石、砾石、碳化竹等具有原生感的材料做铺装。

　　在种植层面，设计基本保留原有植物，补植适量乔灌木，大面积播种地被层，包括黄秋英、白三叶等。由此，山居的野趣在环境、材料、植物等要素的共同融合中滋生，每一个漫步农庄的人都能远离喧嚣，亲近自然，感受到这份安定从容。

3		
4	6	7
5	8	9

图3 戏水池边嬉戏
图4 火塘与露营帐篷
图5 中场区域
图6 块石
图7 植物与木道
图8 竹木与砾石交织的台阶
图9 播种后盛开的黄秋英

15 成都麓湖皮划艇航道景观

项目名称：成都麓湖皮划艇航道景观

设 计 单 位：WTD纬图设计

景 观 面 积：13850m²

项 目 地 点：成都市天府新区

项 目 类 别：景观设计

设 计 团 队：李卉 李彦萨 田乐 陈奥男 侯茂江 李丹丹
周芯宇 隆波 赖小玲 董瑜 胡小梅

业主方团队代表：徐朝明 王姝丽 刘兴洪 谢锋

景 观 施 工：四川蜀韵景观工程有限公司
硕泉园林股份有限公司

业 主 单 位：成都万华新城发展股份有限公司

建 成 时 间：2020年

摄　　　　影：xf photography

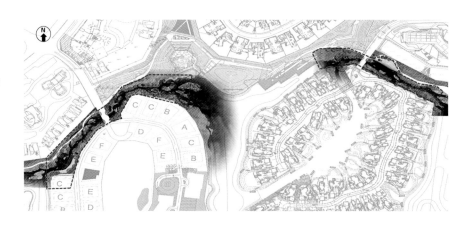

一、项目概况

自2007年启动规划与建设，麓湖生态城已经生长了十多年。如今的麓湖已经是公园城市建设的一张新名片，它实现了内陆城市成都的水上理想。8300余亩的占地面积，水域面积就达到2100亩。麓湖通过对水系的连通与梳理，创造出了理想的水网系统，让水与城市形成了相互咬合、亲密无间的状态。

二、设计理念

在路网与水系绿地之间，承担着不同城市功能的建筑自然而然地生长出来，而营造联系水与建筑的河道景观则至关重要。

项目所在场地原设计为湖区机动船支线航道，原航道为混凝土U形槽结构。驳岸设计更多考虑结构安全，边界较生硬。两岸植物多为临时绿化，且未考虑设置人行通道。航道一侧居住区高达6m的挡墙形成的边界对航道形成空间挤压。

麓湖决定基于现有条件在该段增设皮划艇航道，且在该段增设步道并纳入麓湖环湖观景步道体系。因此，场地改造需要同时满足支线机动船航道宽度与交通分流、皮划艇航道设计、步道流线与电瓶车通行等多项需求。

综合以上条件，设计从解除视线压迫、软化河道、重构交通动线及营造空间艺术氛围几个方面进行河道生态改造，打造一处蜿蜒柔软的自然河岸空间，形成犹如置身亚马逊丛林般的河道体验。

（1）视线屏蔽与步行体验

屏蔽高建筑挡墙带来的视线干扰和压迫感，最好的办法便是取自然之材，还原场地生态基底。设计利用多种类植物作为天然屏障，对周围的建筑与障碍进行一定的规避。乔木以枝形完美及耐水性好优先，搭配不同层次的灌木，呈现不同的空间形态。

临近水岸的乔木选择了蓝花楹，弯曲的树冠及枝叶交叉覆盖于河道之上，在流域上形成开合的空间形式。河岸两侧空间因为栽植不同的有色树种，在四季可呈现不同的色彩变化，营造多彩的植物空间。

（2）河道软化梳理

两段河道均是不规则弯曲形态，河流宽度与跨度各不相同。原有的驳岸多为U形直壁驳岸，边界生硬，没有与河岸及周边环境建立起自然的连接。

设计根据不同的河流宽度进行不同的驳岸处理。在较宽的水面，用叠石将河面围合成迷你生态岛屿。岛屿上种植浓密的乔灌木林，对隔岸的低矮别墅住区有一定的隐私保护作用。同时水面被切分之后，皮划艇划过时被树荫夹道、绿树包围，更具生态感，也避免了河面的单一。

对驳岸的另一种处理方法是以草坡入水来消解混凝土的生硬。植物在河道边界构建成一条蜿蜒优美的边岸曲线，生成自然驳岸。植物群落具有涵蓄水分、净化空气的作用，可在植物覆盖区形成小气候，改善水体周边的生态环境。

生态的驳岸使河道与周边建筑及人行步道有了更自然的衔接，无缝融合至麓湖水系。无论是从建

$\frac{1}{2}$ $\frac{4}{5}$

图1 平面
图2 蜿蜒柔软的自然河岸空间
图3 鸟瞰

图4 河岸空间已经完全融入整个麓湖水系的滨河段
图5 河道旁的大树分枝处放置艺术雕塑

筑往外看还是步行于此，都能获得很好的视觉体验和行走感知。

（3）空间艺术氛围

除生态以外，"艺术"也是麓湖的标签之一。艺术的气质体现于麓湖的每一处细节，即使是一段小小的河道也不例外。因此，景观对于整个河道的空间改造不只停留于生态，还需营造恰到好处的艺术效果。在连接两组不同住宅的人行桥体上，设计对栏杆的处理就别出心裁。

栏杆由数根4cm宽的钢片竖向排列而成，利用参数化设计对每一根钢片在不同高度进行90°扭转，从而达到渐变的效果。两侧的粉色樱花夹道，建筑在花瓣的遮蔽中若隐若现，桥体在树影与光线的交错中光彩熠熠。

此外，设计以水为题，在河道旁的大树分枝处放置艺术雕塑。雕塑以镜面不锈钢为材料，以不规则的水滴为形态，给置身在丛林中的人带来强烈的视觉冲击，不断激发人们强烈的参与感与探索的欲望。各种可爱而新奇的氛围水灯也为"水中冒险旅程"增添了许多空间趣味。

春天，河岸空间已经完全融入整个麓湖水系的滨河段。草长莺飞，花开叶茂，茂密的树荫渐渐包裹了整个河道，拥有了设计初始时所向往的惬意与自由。

	9	12
6	10	
7	8	11	13

图6　鸟瞰河岸
图7　蓝花楹弯曲的树冠及枝叶交叉覆盖于河道之上
图8　人们划着皮划艇驶过河面
图9　粉色樱花夹道的桥体
图10　桥面
图11　生态的驳岸使河道与周边建筑及人行步道有了更自然的衔接
图12　桥体
图13　桥体在树影与光线的交错中光彩熠熠

16 成都猛追湾景观改造提升

项目名称：成都猛追湾景观改造提升

设计单位：WTD纬图设计

景观面积：45000m²

项目地点：成都市成华区

设计团队：李 卉 高静华 李彦萨 田 乐 侯茂江
　　　　　李丹丹 李 理 陈 成 隆 波 张宗果

业主单位：万科中西部城镇建设发展有限公司

建成时间：2019年

建筑改造：基准方中

项目类型：城市更新

摄　　影：歪杰摄影

一、项目背景

　　猛追湾位于四川省成都市成华区锦江沿岸，是成华区连接中心城区的门户地段。20世纪50年代起，在城市工业化的浪潮中，各种大型国有企业在此兴建厂房和宿舍，让猛追湾迅速热闹兴旺起来。2000年以后，随着城市产业的更新，猛追湾渐渐变得老旧衰败。2018年，政府启动了猛追湾景观改造提升项目。项目西邻锦江，向西遥望春熙路、太古里等热门商圈，北侧紧邻区域地标天府熊猫塔及附属商业综合体，南侧与东侧为居住区。改造范围包括总长1km的南北向道路望平滨河路和天祥滨河路，以及东西向分支小巷和南端的旧院落望平坊。

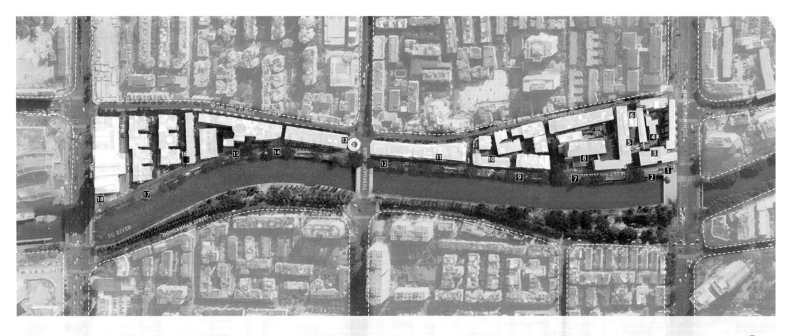

1 时光塔	4 望平坊	7 滨水休闲平台	10 时光茶馆	13 时光广场	16 艺术理发店
2 观影台	5 时光小院	8 时光酒店	11 皮影剧院	14 滨水休闲广场	17 时光轴
3 时光通道	6 香香巷	9 码头平台	12 原木馆	15 时光记忆墙	18 时光集市

二、现状与问题

（1）交通堵塞，布局混乱

改造前7m宽的双向车道占据了滨河路的主要空间。道路商铺一侧并未设置人行道与商业展示空间，人行空间的缺乏一方面使人车混行，极不安全；另一方面限制了商业发展。同时，道路缺乏停车位，车辆只能违章占用车行道，造成交通拥堵。

（2）文化没落，商业萎靡

猛追湾曾是盛极一时的老工业区，然而那段辉煌的历史却随着城市发展而逐渐沉寂。虽然占据着极佳的地理位置，但由于老城衰落，街道活力与商业价值并未达到预期，亟待激活。

（3）城市面貌衰败，建筑和景观破损严重

改造前的望平坊包括西侧的前四川省税务局，东侧的纸箱厂、纺织厂和警察局几处旧址。建筑和景观外观破损严重，院落内的公共空间被各种旧物占据，亟须进行空间释放、梳理和场所焕新。

三、设计策略

设计希望借助创新的设计语言和技术手段，对空间结构及场地文脉进行梳理，实现场地过去与现在的对话——让原住民享受高品质的公共空间，让游客感受地道的成都生活，让年轻人践行时尚的生活方式，让人们了解那段光辉历史，进而不断吸引商户入驻，形成良性循环。

（1）重新组织滨河路断面

为了扩大人行空间，为商业发展创造机会，设计在对机动车承载量进行充分计算的前提下，将机动车引导至项目东侧之外的平行道路，从整体上缓解了项目场地的机动车行车压力，同时创造了一条4m宽的自行车道，布局了充足的人行和商业外摆空间。随后，拆除了原有的绿化围栏，保留了长势旺盛的大乔木，移除部分灌木及地被，部分还原成可以进入的平台，部分种植成观赏花境。

（2）呼应场地历史文化

项目隶属的成华区拥有40余年的辉煌工业历史，包括中国自主设计的第一家无线电测量仪器厂"成都无线电测量仪器厂"、中国第一个彩色显像管厂"成都红光电子管厂"等。设计选取了其中10个工业史上的"第一"，由南向北在休闲平台中以地刻铺装、光影装置、互动装置等手法予以展示，让人们在这里找寻场所曾经的记忆。

（3）新旧融合，重新打造滨水生活

丰富多彩的夜生活是成都的城市名片，项目优越的滨水特性、收放有度的外摆商业空间以及美食街为创造闲适安逸的夜生活环境提供了条件。在保留原有建筑景观格局的前提下，设计还利用趣味艺术装置建立空间连接。

（4）重构商业，形成创意与文化消费目的地

作为成都传统的休闲游乐聚集区，猛追湾承载着老成都人的美好记忆。项目融合工业与现代，升级原有社区商业服务功能，植入文化与艺术消费内容，以及川剧、皮影等非遗传承多元业态。通过融合生活服务功能与创意场景空间，将过去仅能辐射1km的社区商业，拓展为集生活服务、城市旅游、文化体验功能于一体的复合式城市目的地。

8	9	10
	11	12

图8 一些互动装置吸引人们来到空间中

图9 美食街香香巷的店招、铺装、外摆、人行通道的尺度被重新设计

图10 人们因为一只漂亮的宠物而席坐攀谈

图11 如织的人群融入模糊设计的小域界

图12 设计保留重要的历史记忆节点，巧妙植入极具现代感和未来感的空间变奏

17 成都少城片区城市有机更新

项目名称：成都少城片区城市有机更新

开 发 商：成都市兴光华城市建设有限公司

设计单位：基准方中建筑设计股份有限公司

设计团队：基准方中成都景观事业部

基准方中创意中心

基准方中EPC事业部

建成时间：2018年

项目规模：约59hm²

项目地点：四川省成都市青羊区

项目类别：城市更新

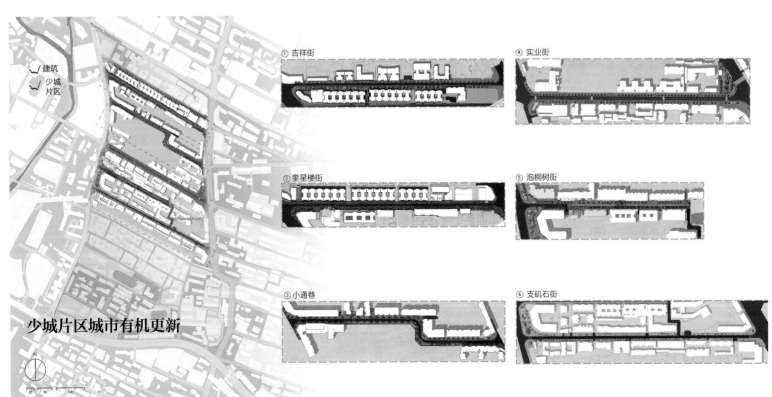

少城片区城市有机更新

① 吉祥街

② 奎星楼街

③ 小通巷

④ 实业街

⑤ 泡桐树街

⑥ 支矶石街

一、项目概况

少城片区位于成都中心城区的核心位置，项目所在地有2600多年历史，是成都老城区的核心区，也是"两江环抱、三城相依"的成都中心的重要组成部分，毗邻宽窄巷子历史文化街区。基于成都市的"中优"战略和传承"创新创造、优雅时尚、乐观包容、友善公益"的天府文化精神，少城片区总体定位为中国最原真的泛历史文化创意街区，力争重现"绿满蓉城、花重锦官、水润天府"的盛景。

二、设计理念

设计以紧凑城市、精明增长、文化复兴、步行友好为理念，提出了聚力文创文旅、提升产业能级、复兴文化记忆、塑造特色风貌，践行生活城市、提升宜居品质，打造共享街区、构建慢行系统四大策略。旨在将少城片区打造为文博旅游与文化创意的联动区、书香生活与清新文艺的集结地与中国最原真生活的体验范本，实现文化与景观相融，民生、文化、产业和谐共生。

三、项目亮点

（1）最原真的生活体验

对于旅人，了解一座城市最好的方式，是去体验当地人真实的生活。保留与延续居者的原真生活环境和氛围，即是对城市街巷记忆最好的展现。

设计努力保留这种闲适、惬意的生活氛围。一方面通过提升居住品质，更好地保障了居者的权益，让他们愿意长久留下，延续街区生活与记忆，保留最原真的生活；另一方面，合理划分内外空间，建立不同级别和开放度的空间体系，在保障居民生活适度私密的同时，也兼顾外部人群期望与原住民交流、了解的当地生活的诉求。

$\dfrac{1}{2}$　　3　　图1 少城映像

图2 总平面图

图3 支矶石街改造对比

（2）可阅读的街道

可阅读的街道是基于城市微旅行（city walk）的理念，即用行走的概念来体味城市，去寻找它最真实的亮点。慢慢听、慢慢看、慢慢走，聆听街巷背后的故事，分享行走的乐趣，感受城市的温度。

以支矶石街、泡桐树街、实业街、小通巷—栅子街作为示范街道，进行先期打造。激活街道记忆，复兴街巷故事，将街道作为不断更新变化着的博物馆，穿行其间，阅读街道。

设计延续满城时期遗留下的鱼骨状路网结构，并恢复有迹可循的少城历史格局，复兴城墙、城门记忆，打造"一心、四门、五节点"的空间体系。

通过对石文化的景观表达，再现支矶石的历史传说。以诗书为导向，再现诗情中的画意，选择历史文人感悟少城的诗句，以时间为轴线，从汉到近现代，感知诗书中的少城。

泡桐树街原来是清代满城中的仁里胡同，民国时期取消了胡同的名称，因为街道上有一棵大泡桐树，所以改名为泡桐树街，人与树木的对话见证了少城的慢时光。

小通巷位于少城西南侧，是成都最早的文艺地标，月季、灰砖、花墙、色彩……构成了小通巷的街巷肌理，也形成了它的文艺印象。构筑戏剧体验的流线，这条线不仅能体现街道的特质，也能令人重拾戏剧的历史记忆，体验文艺清新的戏剧特色街道。

当街道变成了居民生活延展的院落空间，原本无人问津的角落便成为孩子嬉笑的一方天地，原本只具通行功能的街头成为陌生人短暂相遇的场所，局促杂乱的街边成为朋友分享喜悦的空间，这里有孩子雀跃的童真、情侣亲密的私语、伙伴新奇的游戏、邻居闲暇的笑谈以及老人安享的时光。

在这里，一切活动都在发生，一切活动又都无法预料，正因如此，生活才有了该有的味道。回归后的少城，不仅属于少城居民，还属于更多热爱这片土地的人们。

通过开发相应便民App等举措，建立智慧交通管理系统；慢行系统与公交接驳，构建自行车交通网及步行交通网；增加南北向慢行联系巷道，完善慢行交通网络，建立文博旅游慢行环、文创体验慢行环、名人游览慢行环、锦城文化慢行环四大主题环线，优化交通组织，单向行驶道路形成微循环交通圈，保障交通顺畅；逐步取消路内停车，保障慢行空间安全畅通的同时，利用地上及地下空间，集约地建立停车场库。

为提升宜居品质，设计建议疏解城市功能，增加片区公共空间，以人为本、儿童友好，打造包容的空间以满足不同人群需求。完善少城绿化体系，塑造立体景观界面，丰富片区景观层次，提升院落空间品质，完善社区公共服务配套。

设立社区艺术节，让孩子们参与社区营造。宽门社区工作坊给社区居民提供了发表意见的平台和接收信息的渠道，通过民主票决结果开展一些活动，实现全民参与社区治理，居民在社区更新中可以发挥巨大的作用。

设计是不断探求生命、生活本质的过程。在变化的未来中不变的是生活的本质，城市属于居民是城市在发展变化中永远不会改变的根本。

设计追求的是一种平衡，不应只为单一解决某个问题而本末倒置地牺牲人在城市中的生活。设计既要解决生活中面临的现实问题，又要始终密切关注生活本身，才不至于在城市发展的道路上迷失。

4　　5　　图4 小通巷实景
图5 还原真实生活体验

18 重庆万州吉祥街城市更新

项目名称：重庆万州吉祥街城市更新

委托单位：重庆市万州区住房城乡建委

设计单位：WTD纬图设计

完成年份：2021年

设计团队：李 卉 李彦萨 田 乐 李丹丹 侯茂江 王 璐
潘宇杰 李 理 童 征 石雪婷 李 超 欧梁薛
张书桢 姚淞骅 张宗果 俞正伟 汪晓卫

建筑改造：上海大橡建筑设计景观施工
重庆吉盛园林

项目规模：2400m²

项目地点：重庆市万州区万达金街

项目类别：城市更新

摄　　影：三棱镜

文案策划：mooool

　　万州作为一个很典型的山地城市，其老城区存在很多地势
被拉得很窄、很高，生活界面也很破败杂乱的老街巷，这些老
街巷空间正在失去原本的生活氛围，变得死寂沉闷，居民也在
逐渐流失。

　　项目的中心场地是一个附属于老旧社区的边缘生活空间，
被围合成一个三角形区域，两端通过窄长的甬道与外面的万达
广场连接。中心场地空间愈渐老旧破败，景观风貌形象差，引
入段甬道空间车辆堆积、环境脏乱，街道的视觉主立面为万达
商业建筑的背立面，挂满了空调机，管线杂乱，且场地存在高
差复杂、居住界面混乱等一系列问题。

　　设计旨在将破旧消极的老城街巷改造成一个连接新生活与
旧文化且充满记忆的空间，复苏万州市井的烟火生活。设计进
行了多维度的文化叠加，以满足市民的生活需求，并且适当地
引入了网红业态，吸引时尚年轻消费群体。城市更新首先要立
足于场地本身，尽可能地保留场地基地，服务于本地市民，同
时进行合理适当的商业运营，引进更多年轻载体和鲜活力量，
从根本上活络老街。

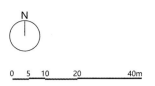

万巷里

业态策划

▨ **艺术策展** | 阅读一座城

❶ 巷馆 —— 多功能艺术跨界空间
❷ 时光博物馆
❸ 城市书屋
❹ 览书一隅

▨ **市井生活** | 品烟火万州

❺ 大树咖啡吧
❻ 早餐万州
❼ 深夜食堂
❽ TG 刺绣坊
❾ 剃头匠
❿ 小卖部
⓫ 万巷集市

▨ **社区公园** | 拾邻里时光

⓬ 月光剧场
⓭ 月光广场
⓮ 月影 Bar
⓯ 月影墙
⓰ 万巷记忆
⓱ 停车场

$$\frac{\frac{1}{2}}{3}\quad 4$$

图1 月影墙具有科普功能的三棱镜
图2 唤起人们记忆的月影墙
图3 剧场文化墙的三棱镜
图4 业态分析

一、整合升级社区生活空间

设计基于现状，保留了大量老的基底，对场地原有结构、树木进行重新解读与包装，围绕现有的黄葛树打造月光剧场、城市书屋和览书一隅等空间。对原本杂乱、消极的空间进行新的诠释。增加更多场地功能，以吧台和坐凳的形式，呈现室外书吧这样的小空间及外摆空间，提高空间的利用率。

二、更新和复苏活力业态

项目有别于常见的老街商业形式，以点状存在的商业业态代替片状的底商，对场地进行整体梳理，改造与重建部分临街建筑，打造网红店，引入更多新载体，推动地摊儿经济等，为街区注入鲜活的力量，带动老街氛围，从而吸引年轻群体进入空间，激发社区活力。

三、多维度文化记忆的叠加

除了延续生活在这个地方的居民本身的文化，设计把场地本身承载着记忆的东西完整地保留下来。在场地置入城市记忆，将万州港过去的记忆文化载体，演变成景观墙体、景观装置等景观元素，让居民和游客走进这个空间的时候可以跟场地产生共鸣。

四、以景观为主导的巷道界面更新

设计从空间和界面上去规避或提升环境脏乱差的视觉形象，出于成本考虑，拆除了临街老旧的危房，以同面积同位置进行恢复，并将其改建成小体量的商业建筑；通过对建筑切角，延续古树的生长路径；对临街居民的住宅进行代建，尊重原住民的生活方式，对建筑外立面进行了最大限度的保留，局部做饰面改造。

5	6
7	8

9 | 10
| 11

图5 城市的新与旧在此交融
图6 广场鸟瞰

图7 点式街巷更新，激活面式城市更新
图8 阶梯式休闲生活空间

图9 梭影之门
图10 夜间的透光文化景墙

图11 甬道两侧景墙的城市剪影

19

第十二届中国（南宁）国际园林博览会项目景观工程

项目名称：第十二届中国（南宁）国际园林博览会项目景观工程

设计单位：中国建筑设计研究院有限公司生态景观院

　　　　　北京多义景观规划设计事务所

　　　　　南宁古今园林规划设计院

建成时间：2018年11月

项目规模：263hm²

项目地点：广西壮族自治区南宁市

项目类别：城市展园

设计团队：李存东　赵文斌　王向荣　王洪涛　张景华　林　菁

　　　　　颜玉璞　刘　环　巩　磊　谭　喆　路　璐　关午军

　　　　　杨宛迪　盛金龙　韦　护　王丹琦　张文竹　董荔冰

摄　　影：张　锦　周仕凡　李　婵

一、项目概况

南宁园博园选址位于南宁市中心东南方向约12km处的顶蛳山地块。园博园主园区用地276hm²，临时配套服务区用地49hm²，遗址公园区用地15hm²。

规划范围内地块为典型的岭南丘陵地貌，整体地形地貌丰富多变，丘陵起伏，江水蜿蜒，植被良好，既有山、水、林、泉、湖等优越的造园条件，又有典型的内河流域淡水性贝丘遗址（全国重点文物保护单位），及多样的地方文化底蕴。

二、设计理念

总体规划秉承"创新、协调、绿色、开发、共享"的发展理念，凭借山水林田湖草得天独厚的自然环境、丰富多彩的民族文化和面向东盟的区位优势，以"生态宜居，园林圆梦"为主题，在充分尊重现状地形地貌、山形水系的基础上，本着"不推山、不填湖、不砍树"的规划理念，着力在"生态、文化、共享"三个方面打造亮点特色，最终形成"三湖六桥十八岭、一阁四馆两中心、八十展园八大景"的规划格局。

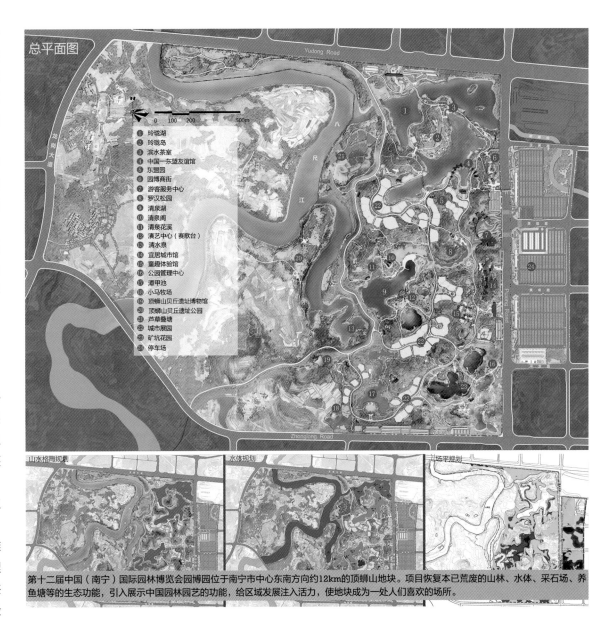

总平面图

① 玲珑湖
② 玲珑岛
③ 滨水茶室
④ 中国—东盟友谊馆
⑤ 东盟园
⑥ 园博商街
⑦ 游客服务中心
⑧ 罗汉松园
⑨ 清泉湖
⑩ 清泉阁
⑪ 清泉花溪
⑫ 演艺中心（赛歌台）
⑬ 清水泉
⑭ 宜居城市馆
⑮ 童趣体验馆
⑯ 公园管理中心
⑰ 潭甲池
⑱ 小马牧场
⑲ 顶蛳山贝丘遗址博物馆
⑳ 顶蛳山贝丘遗址公园
㉑ 芦草叠塘
㉒ 城市展园
㉓ 矿坑花园
㉔ 停车场

山水格局规划　水体规划　注场平规划

第十二届中国（南宁）国际园林博览会园博园位于南宁市中心东南方向约12km的顶蛳山地块。项目恢复本已荒废的山林、水体、采石场、养鱼塘等的生态功能，引入展示中国园林园艺的功能，给区域发展注入活力，使地块成为一处人们喜欢的场所。

| 1 | 2 |

图1 鸟瞰图
图2 总图

三、设计亮点

　　依据现状景观资源及地形地貌的特点，因地制宜、依景造境，园博园规划了芦草叠塘、玲珑揽翠、松谷迎宾、花阁映日、清泉明月、潭池寄情、矿坑七彩、贝丘遗风八大景观。每个景观惊喜不同，步移景异，引人入胜。

　　白鹭飞翔，芦草叠塘。改造利用原有的19个鱼塘，将其连通成整体，收集雨水、引入江水形成动力水源，结合乡土水生植物，打造百草丰茂、水塘层叠的生态净化系统。

　　清风徐来，玲珑揽翠。是以玲珑湖、玲珑岛为主景的湖岛景观的真实写照。玲珑湖是园博园水面最大的湖区，玲珑岛在玲珑湖中，四面环水，通过3座桥与周边连接，优越的自然环境为广西长寿文化的诠释提供了绝佳的场所。景区主要包括凤凰花冠、命河广场、无忧乐园等景点。

　　青松明月，松谷迎宾。这是游客从东大门进入园区后首先看到的山水景象。松鼓迎宾位于园博园主入口区，场地前区两丘对峙，自然如门，结合依山而建的波浪式大门，大有伸出双臂、笑迎游客之意。为了给游客营造入园后的视觉惊喜，打造了罗汉松园、铜鼓广场、杜鹃松岭等主要景点。罗汉松园面积约1.6hm^2，位于园博园主入口，取青松迎客之意，为入园第一景。栽植罗汉松35个品种340余株，是世界上第一个广西本土罗汉松专类园，实践了中国写意山水园林。

浪漫花溪，花阁映日。景区位于园博园山水轴一端，由园博轴自东向西延伸，景区以清泉阁为核心，围绕着清泉湖清澈的水面依次展开。清泉广场上波浪形的台阶自然柔和地将园博园入口广场恢弘的门户礼序过渡到清泉湖舒缓平静的自然水面。台阶两侧柔软细腻的沙滩为游客提供了安全舒适的亲水嬉沙的活动空间。白色绵延的沙滩和其北侧起伏的阳光草坪是景区重要的集散空间，为游人提供了重要的公共活动场所。重点打造了清泉花溪、小石林等景点。

碧水潺潺，清泉明月。以原有的清水泉水厂为核心，景区整体格调以生态、低干扰、静谧自然为主，打造榕荫怀古、情人湾等景点，平静的水面倒映着柔美的月光，为生态园博园增添新的亮点。

芦草依依，潭池寄情。汇集周边场地雨水，自然生成了一处幽静的湖泊——潭甲池。适当的设计策略和场所营造使生境得到意境上的升华。设计有乡土果园、特色名木园、小马牧场等景点，使区域成为以"情"为主题的特色景区。

崖壁修复，矿坑七彩。湖景区是一个由一系列矿坑花园组成的园博园特色景区。由于这一片集中采石，使得矿坑及其周边区域生态环境破坏严重，是一片地表裸露的废弃地。项目充分积极响应生态文明、城市双修的国家战略，用因地制宜、变废为宝的规划思想，在充分利用现状矿坑崖壁、峡谷、深潭、工业遗存等景观资源的基础上，通过保护、保留、修整、修复等策略，使矿坑花园既留有痕迹、有沧桑感，又注入新的功能与活力，最后形成主题鲜明、特色明确的七彩湖景区（该景区由北京多义景观规划设计事务所设计）。

古今传奇，贝丘遗风。所展现的是迄今广西及我国南方发现的面积最大、保存最完好、文化内涵最丰富的新石器时代内河流域淡水性贝丘遗址。对于遗址价值如此重大的贝丘，首先是要保护好其遗址本体和遗址的背景环境，其次才是如何展示利用，实现遗址价值的全民共享。

$\dfrac{3}{\dfrac{4}{5}}$ $\dfrac{6}{7}$

图3 玲珑揽翠　图6 矿坑花园
图4 花阁映日　图7 松谷迎宾
图5 芦草叠塘

20 建国门老菜场

项目名称：建国门老菜场
设计单位：四川景虎景观设计有限公司
建成时间：2021年
项目规模：4000m²
项目地点：陕西省西安市南顺城巷建国门
项目类别：景观设计
设计团队：龙　赟　刘良操　郑　琢
摄　　影：蒋礼芳

一、项目概况

　　老菜场市井文化创意街区位于西安明城墙内南顺城巷建国门。长度约200m，虽处于中心城区，却是城墙下的背街小巷。

　　紧邻城墙的街区通过"老菜场城市更新"计划，改造更新街区建筑，商街重新定位和招商，业态除了菜场，还加入了受年轻族群欢迎的艺术展览、网红餐饮、甜品花艺、手作文创、酒吧摄影等。现在老菜场市井文化创意街区已经成为西安新的打卡地，不只是单纯的旅游景点，也包含更原始的城市历史、更新的城市面貌和更接地气的市井文化。

二、设计理念

　　"千年市井，百年建国。"西安城墙东南角区域，清末至民国曾是驻军和府邸用地，至中华人民共和国成立初期建设了一批机关单位大院。随着城市扩张、生产功能的转移和基础设施的老化，此区域逐步陷入衰败。

　　2000年，位于此区域的平绒厂停产，闲置的厂房被转化成一个综合农贸市场，成为周边居民的一个热闹的去处，即小有名气的"建国门菜市场"。2018年，政府、投资方一起推动了以保存区域肌理和市井生活为前提的老菜场市井街区微更新计划。

　　设计范围为紧邻城墙的街区部分。项目有丰厚浓郁的里坊文化、起伏更迭的市井故事，它们在古城墙的草木砖瓦间依稀可见。

三、项目亮点

（1）"老菜场城市更新"计划，微更新，轻改造

　　老菜场市井文化创意街区位于西安明城墙内南顺城巷建国门。被城墙圈蔽的顺城巷地处西安城市中心区。城墙顶是天然的观景平台，但其属于古代的守卫者和现代的旅行者。对居民而言，城墙切断了视线，使城墙内外空间割裂。

项目位于城墙东南角建国门附近，老菜场是其生机勃勃的活力集散地。整个项目以老菜场为中心，带动社区更新，振兴区域活力。

1   2
       3

图1 天台成为年轻人社交打卡的网红地

图2 街区建筑改造更新

图3 商街重新定位和招商

（2）城墙里的烟火气，都市青年打卡地

白天，这里是周边市民熟悉的老菜场，送货的，买菜的，征婚的，人潮穿流，充满市井烟火气；晚上，这里变了一副模样，年轻人聚集在这里，音乐和酒唤醒了整个城墙根，成为西安年轻人的新地标。

白天买菜，晚上"嗨皮"。老菜场市井文化街区在保留原居民原有生活状态及市井风貌的前提下，依托老菜场自身独特的日常生活气息，将新的生活方式与活力注入原有的市井人文，让新旧生活方式在这里交融、碰撞。

4 | 5   6 / 7 | 8   图4 引入受年轻族群欢迎的商业业态   图6 白天买菜，晚上"嗨皮"，新旧生活方式在这里交融   图8 城墙下的夜生活
图5 天台成为年轻人社交打卡的网红地   图7 新商业激活街区夜间经济

21 三亚红树林生态公园

项目名称：三亚红树林生态公园

设计单位：北京土人城市规划设计股份有限公司

建成时间：2016年11月

项目规模：一期9.3hm²

项目地点：海南省三亚市

项目类别：生态规划

设计团队：俞孔坚 张 喻 宋 嘉 俞文宇 郑军彦 林国雄
　　　　　张建乔 拜 真 吴 帆 王予非 李 飞 王 芳
　　　　　毛 睿 魏晋凯 王秀梅

主创设计：俞孔坚

方案设计：张 喻 张建乔

施工图设计：拜 真

植物设计：拜 真 王 芳

水电设计：魏晋凯

结构设计：王秀梅

摄　　影：土人设计 张锦影像工作室

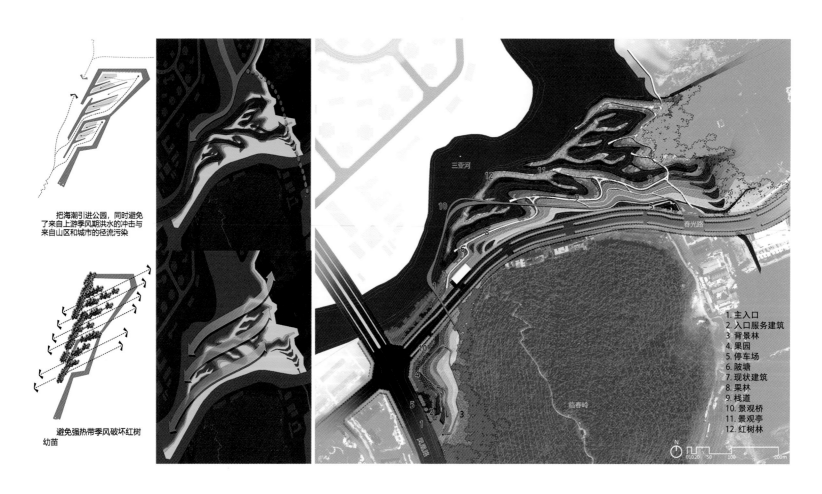

把海潮引进公园，同时避免了来自上游季风洪水期洪水的冲击与来自山区和城市的径流污染

避免强热带季风破坏红树幼苗

1. 主入口
2. 入口服务建筑
3. 背景林
4. 果园
5. 停车场
6. 陂塘
7. 现状建筑
8. 果林
9. 栈道
10. 景观桥
11. 景观亭
12. 红树林

一、项目概况

在三亚市中心，短短三年内，一片混凝土防洪墙内的荒芜土地被成功地修复成一个有郁郁葱葱的红树林的公园，在这里，自然和人们和谐地共享着海潮与淡水的交融。项目遵循自然生态过程，利用指状相扣的红树林混交林岛来加快红树林修复，塑造既美丽又生态的景观。

二、设计理念

城市开发给三亚这座位于海南岛的中国热带旅游城市带来了巨大的生态破坏。建成区内，几乎所有的水系都已被污染，四处漂浮着垃圾。混凝土防洪墙破坏了红树林及河漫滩生态系统，并且阻挡了海水和上游城市雨水的连通，造成严重的城市内涝。与此同时，当地居民以及外来居民和季节性游客都希望

能享受沿河的连续公园带。2015年，市政府决定进行一次城市升级，决定设计示范性项目——三亚红树林生态公园。

场地面积为10hm²，位于三亚市中心的三亚河东岸。研究发现，场地内陆和海水交会处的生态状况十分脆弱。与三亚水系普遍状况一样，这里的水也被城市径流污染了。高耸的混凝土墙围绕着这片10hm²的土地，场地里遍地都是已被政府叫停的建设项目的垃圾。一条主干道从旁边穿过，道路与水面间9m的陡坎让市民无法接近水面。

设计的总体目标为修复红树林生态系统，并给其他的城市修补和生态修复项目做示范。设计解决了四大场地问题。一是风：每年的强热带季风可能会影响红树林的恢复，破坏幼苗；二是水：季风期上游汇集的洪水可能冲散刚形成的红树林群落；三是污染：受污染的城市径流可能破坏敏感的红树林幼苗，导致红树林群落物种多样性降低；四是可游性：需要考虑如何结合公众游憩和自然修复。

1　　2

图1 平面图：形式服从过程。指状相扣的红树林岛将海潮引入，同时避免河水的冲刷和强热带风暴的破坏

图2 场地现状条件：场地位于海潮最高水位边界，曾经的红树林群落被粗暴的城市开发和混凝土驳岸破坏了，场地里的建筑废料和垃圾随处可见

三、项目亮点

设计利用场地堆填的城市建筑垃圾和拆除防潮堤遗留的混凝土废料，通过填—挖的方式创造各种水位高差，来满足以红树林为主的各类动植物的生长栖息需求，形成丰富的驳岸生态系统。

将地形改造成指状相扣的形态，把海潮引进公园，同时避免了来自上游季风期洪水的冲击与来自山区和城市的径流污染。这样的形态最大化地加强了边界效应（岸线边界加长了6倍，从700m增加到4000m），0～1.5m的水深变化增加了生物多样性，涨潮落潮保障了对水生生物而言十分重要的动态水环境系统。

利用道路与水面9m的高差，建立一系列台地和生态廊道系统，截流并净化来自城市的地表径流，高低错落的公共空间布置其间。

步道路网的设计随地形变化，漂浮于自然景色之上的空中栈道将人带入林上，俯瞰红树林；5个景观盒子被精心地布置在林间幽静景美的位置，同时也成为多变的气候下必要的遮阳挡雨空间。模块化的混凝土盒子能抵抗强烈的热带风暴，不同角度的摆放给观鸟爱好者们创造了最佳的观鸟视野。

项目建成后3年就达到所有设定目标。指状岛内的红树林长势良好，鱼鸟栖居下来，每年吸引大量各个年龄段的游客。三亚红树林生态公园成为市民的日常活动场所。生态修复不仅展示了其对自然的种种好处，也带来了公共服务水平的巨大提升。

```
3     4 | 5
      ——|——
        6
      ——————
        7
```

图3 利用土方平衡理念，形成丰富的生态驳岸系统

图4 建成两年半后的红树林公园。海潮从最上端的入口被引入指状岛中，再从右下角流出

图5 预制混凝土景观亭：它可以抵抗热带风暴，为市民提供观鸟场所，并在不同天气状况下提供庇护或是遮阳

图6 修复后的红树林公园成为市中心的一片城市绿洲，周边环绕着高层住宅。居民们在亭中观察仅几米之外的白鹭或是喂鱼

图7 指状岛的形态大大加强了边界效应

22 上海临港新城星空之境海绵公园

项目名称：上海临港新城星空之境海绵公园

设计单位：中国建筑设计研究院有限公司生态景观院

中国市政工程华北设计研究总院有限公司

建成时间：2021年12月

项目规模：54.47hm²

项目地点：上海市浦东新区临港新片区环湖北二路与环湖北三路之间

项目类别：景观设计

设计团队：赵文斌 杨 陈 杨 钰 雷洪强 张景华 周亦白 高晓宇
孙平天 袁 泽 沈 楠 于凡迪 董荔冰 刘子渝 陆 柳
刘玢颖 吴 昊 李 亮 孙 岩 许亚奇 姜云飞

摄　　影：上海临港新城星空之境海绵公园DBO项目部 杨 钰

一、项目概况

临港新城位于上海市东南角，是上海国际航运中心的重要组成部分；是充分体现21世纪上海建设水平、相对独立且功能完善的综合型滨海新城；是社会、经济、环境、文化等高度协调发展的生态城市。

按照主城区总体规划，以滴水湖为核心，"四涟七射"水网成渠。主城区环湖二路和环湖三路之间围合的区域为城市公园带，规划面积约7.1km²，是以城市公园为主、合理设置城市公共设施的区域，带内有环形的水系及小型人工湖，与滴水湖相通。

项目处在二环城市公园带核心位置，临港大道以东，场地内拥有上海天文馆这一独特资源。面积约为54.47hm²，水域16.17hm²，陆域38.3hm²。其形象直接影响人们对临港新城的初步印象。作为城市公园环带首期开发的地块，其开发的模式和最终效果直接影响城市公园带内其他地块公园的建设。建成后成为临港新城特色旅游景点之一，构成上海东南段综合旅游休闲目的地不可或缺的一部分。

二、设计理念

公园设计以星空之境为主题，以海绵技术为内核，以艺术地形为特色，将浩瀚星空融入场地，形成休闲观星区、湿地科普区、律动星球区和天文体验区4个不同功能区域，实现了"平地起风景、海绵筑胜境"的景观海绵双示范设计目标。

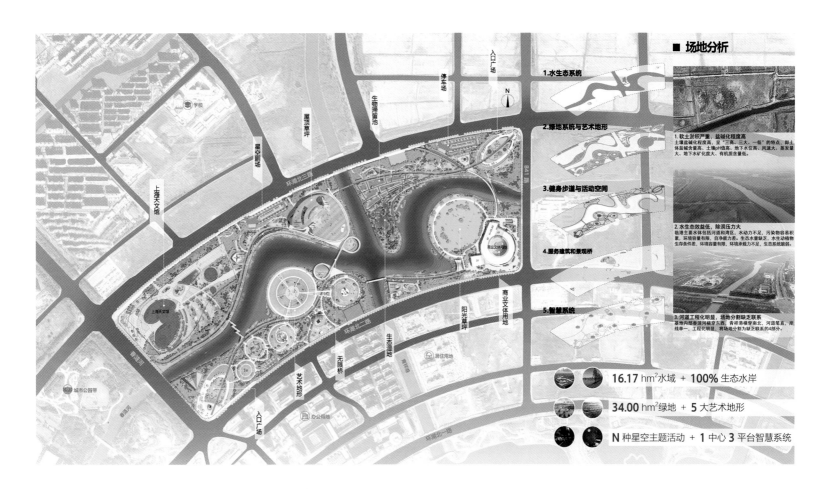

1   2   图1 上海星空之境海绵公园（含上海天文馆、滴水湖）
图2 项目区位及总平面图

三、项目亮点

（1）重塑地形：一片浪漫蜿蜒的大地景观

重塑河道地形，增强河道的艺术感

现状"十字交叉"的河道将公园分为4个部分，彼此缺乏联系，无论是从河道看4个地块还是从4个地块看河道，抑或从空中鸟瞰整体结构，现状河道的形态均缺乏生态多样性及艺术感，直接影响公园的生境结构、空间组织和艺术效果。通过暴雨洪水管理模型（storm water management model，简称SWMM）模拟分析，发现南北向河道（青祥港）是整个区域雨水行洪到滴水湖的主要通道，不宜做过多调整；东西向连通河道（春涟河），可以兼顾河道行洪、海绵需求，以及景观和公园布局要求，故对其进行曲线化调整，打造蜿蜒自然的河岸线。

重塑艺术地形，增强场地的艺术感

按照河道改线后的空间结构，结合河道挖方后的土方平衡，在场地西南地块依次堆叠5个大小不同、相对高度-1~6m的圆形土丘，既丰富了场地竖向的空间层次，也增加了平面布局的艺术感。

梳理微地形，增加排盐碱的技术性

根据"盐随水来、盐随水去"的水盐运动规律，通过抬高地形，增加与地下水位的高差，阻止水盐上返，并在主要绿化种植区域内，采用地下滤水管网排盐法，布设排盐盲管，设置20cm厚碎石淋融层，用土工布隔离，以起到阻隔盐分的作用。同时采用现场土壤改良法，科学配方，使土壤达到种植土要求。

处理软地基，提高地基处理的科学性

充分考虑承载力、沉降变形、造价和施工周期要求，在园路、艺术地形、建筑桥梁等不同区域采用最经济有效的加固方式。艺术地形的斜坡表面采用三维植草网固土，防止坡体变形及滑坡，保证艺术地形纯粹优美的景观造型。

（2）海绵理水：一个会呼吸的生态海绵体

内外共治，构建完整海绵体

建立多级综合体系，内外共治、专业同治、智慧管治。建设可净化、可层化、可量化、可视化、可优化的海绵技术体系。

弹性持续，优化LID布局

通过透水铺装、植草沟、生态旱溪、生物滞留带、雨水花园、蓄水池等多样化LID设施复层布局，实现雨水的存蓄、减排、缓排、净化、利用，实现年径流总量控制率指标90%（设计降雨量41.82mm），年径流污染控制率指标60%。收集周边区域径流污染严重的初期雨水，经过生物滤池净化，进入雨水调蓄池，经末端处理后回用或排入河道。实现雨水资源化利用率大于5%，周边区域雨水调蓄量大于30m³/hm²。

多级跌塘，营造小微湿地

通过沉淀池、生物滤池、垂直流湿地、生态塘等多级工艺净化河水，辅以曝气机、生态浮岛等设施。经过沉淀、曝气、植物过滤，延长水在净化区域的停留时间，促进水体营养物质被生物所吸收，实现末端处理设施规模为15000m³/d，出水达到地表Ⅳ类水。同时，保留现状低洼地，形成自然湿塘和生态鸟岛，采用多类型生态驳岸做法，为各种挺水、浮水、沉水植物及动物创造生态栖息地。

注重科普，营造自然课堂

设计将雨洪管理、生态种植与公园独特的游憩空间相结合，水草繁茂，野花烂漫，漫步其间，人们仿佛又回到从前阡陌纵横的田园河溪场景。打造具有自然科普教育意义的生物栖息地、生物廊道，营造具有生命力的城市生境。增加科普教育标识、趣味小品设施、湿地智慧监测展示等，打造可赏、可学、可玩的户外自然课堂。

（3）写意星空：一首艺术化的星空进行曲

建筑的星空艺术

八大服务建筑如浩瀚宇宙中的璀璨星球，从星光宝盒、星毯、同观廊+旋星塔、采星阁、极限星云、失重星球、纸飞机到水月星阁，无一不在用建筑的艺术语言诠释绚烂的星空主题，创造不同的观星空间和角度，谱写艺术化的星空旋律。

桥梁的星空艺术

连接四大功能区的长河晓星桥、羽旋桥、日月交辉桥、引力桥与无限桥，将桥梁的结构美和星空主题的艺术美相结合，形成连接地块交通、延续建筑艺术的重要载体。无论是白天的造型与色彩，还是夜间的灯光与倒影，桥体都是视觉的焦点。

场地的星空艺术

春涟河与青祥港将公园自然地分成4个地块，形成休闲观星区、湿地科普区、律动星球区、天文体验区。设计充分利用星空元素来表达天文主题，结合场地设置多样的充满趣味的节点空间，结合运营需求，融入天文探索体验、儿童趣味游玩、主题科普教育、户外拓展、星空露营等活动，通过活力之丘、星海荡漾、星际迷宫、星动广场、观天之丘展开一段璀璨星空探索之旅。

3	4
	5
	6
	7

图3 海绵设施、生态水岸及自然课堂
图4 服务建筑及景观桥的星空艺术表达
图5 结合场地植入星际冒险体验活动
图6 星海荡漾星球探索游乐设施
图7 活力之丘时空旅行游乐设施

23 深圳光明文化艺术中心

项目名称：深圳光明文化艺术中心

设计单位：广州怡境规划设计有限公司

建成时间：2020年11月27日

项目规模：37871.53m²

项目地点：深圳市光明区区政府南侧，观光路、创投路交界

项目类别：景观设计

设计团队：闫邱杰　彭　涛　崔文娟　关晓芬　蔡伟群　周显辉　冯晓扬
　　　　　周广森　曹景怡　彭延久　黄春燕　林文冬　张　政　刘　行

主　　创：闫邱杰　彭　涛　崔文娟

方　　案：关晓芬　蔡伟群　周广森　曹景怡

施工图：周显辉　冯晓扬　彭延久

植　　物：黄春燕

水　　电：林文冬　张　政

结构设计：刘　行

摄　　影：任　意　黄鹏程/三映摄影事务所
　　　　　金锋哲/锋哲映像

一、项目概况

    深圳光明文化艺术中心位于深圳光明区行政中心，总用地面积为37871.53m²，建筑面积13万m²，总投资约18亿元，是深圳北部片区规模最大、建设标准最高的文化艺术综合体，被誉为粤港澳大湾区的新地标，同时也是构建光明区绿色生态廊道的重要节点，因此备受社会各界关注。

    光明文化艺术中心是深圳首个以"海绵景观"为核心设计理念打造的生态公共建设景观示范项目，项目高度融合了海绵城市技术和景观设计艺术，打造高颜值高品质的海绵城市景观；同时，项目还是深圳唯一获得绿色建筑三星及海绵城市建设双认证的文化艺术综合体，展现了光明区在智能化、生态化、海绵城市建设领域领先的建设水平。

二、设计理念

    农业是光明区曾经的主要经济产业，山、水、田园被深刻地植入当地人的记忆，"田园文化"的在地特征成为人与景观的情感连接，同时，复杂的地形为场地的雨水管理带来挑战，基于此，项目提出了"海绵艺术园"的设计理念，提取了光明区的"海绵技术""文化艺术"和"田园景观"三个设计要素进行融合性设计，将工程技术、人文科学与景观艺术进行跨学科融合，打造别具一格的生态艺术景观综合体，为未来的城市建设提供新的范例。

1   2

图1 总鸟瞰实景
图2 从概念规划到实施落地

①主入口
②倒影水景
③光伏停车棚
④雨水花园
⑤生物滞留池
⑥中庭特色花园
⑦文化雨园
⑧屋顶花园
⑨二层露台
⑩雕塑水景

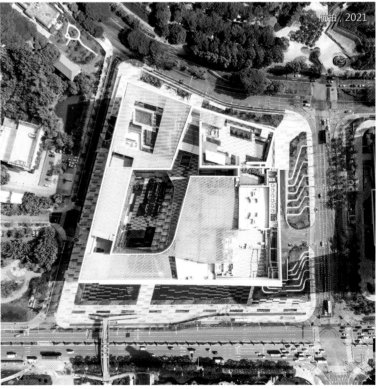

航拍, 2021

三、项目亮点

海绵艺术园包括健康的雨水管理系统和精细化的海绵景观。项目通过在场地中科学地植入雨水花园、生物滞留池、绿色屋顶、植被缓冲带、生态碎石渠、地下蓄水箱等海绵设施，构建了一个多维的海绵城市系统，保证场地内84%的雨水的下渗、净化和收集，设计860m³的大型蓄水箱，满足水景的日常使用需求。

通过植入在地文化、景观艺术和智能技术打造符合公共建设项目气质的海绵景观，包括光明之眼、文化雨园、教育雨水花园、台地花园等景观节点，以及文化风向标、文化地刻、互动取水器、发光混凝土座椅、智能互动灯光、参数化设计山水雕塑等创意装置。

中庭区域的互动取水器与地下蓄水箱连通，取水方式采用按压式，人们只需要按压取水器的蘑菇头，就会有涓涓溪流从地下蓄水箱被抽上来并输送至输水渠中，成为一处极佳的互动科普景观。

教育雨水花园展示了多个科普展示雨水系统，包括屋面雨水收集展示系统、高位雨水花坛展示系统、可持续的互动水景系统、碎石渗池体验系统。清晰地向人们展示了屋面雨水的传输、沉淀、净化与收集全过程，提供沉浸式的科普体验空间。

项目使用了多项可持续的低碳材料以降低场地对生态环境的影响，例如使用可降温增湿的透水铺装材料；使用以回收材料制作的轻质发光混凝土座椅，该材料具有良好的透光性和绝热性，因能透射光线而可以大大降低照明损耗，并达到奇特的艺术效果。

项目中使用了大量的参数化设计技术以帮助创建异形、复杂的景观小品，包括360°无观赏死角的山形雕塑和多功能异形挡墙等，该技术还有助于降低施工工艺难度和成本。

主入口设计了模拟星空的呼吸灯，中庭架空层设计了顶棚灯光投影互动装置，通过与电脑程序智慧联动，打造不同情境下的灯光互动场景。

建成后，该项目满足了光明区110万市民的文化活动诉求，获得广泛好评。在管理和使用方面则减少了34%的用电量和60%的自来水使用量，可抵御5年一遇的暴雨，并且取得了噪声控制、排风排污控制以及减少热岛效应等多方面的经济效益和生态效益，具有推广示范意义。

24 深圳南头古城活化与利用

项目名称：深圳南头古城活化与利用

设计单位：深圳奥雅设计股份有限公司

项目规划及设计管理团队：万科城市研究院　万路设计

设计总包：深圳市博万建筑设计事务所（设计总包）

集群设计其他单位：**MVRDV**　**Tao**迹　　大　域　　都市实践　反　正　　坊城　非常建筑
华　汇　　集合设计　厘米制造　南沙原创　南粤古建　如恩　**Plus 8**
竖梁社　武重义　一十一　　营　加　　众　建　筑　梓集

建成时间：2020年8月（一期），2021年2月（二期）

项目规模：40241m² （一期），9500m² （二期）

项目地点：广东省深圳市

项目类别：城市设计

灯光设计：大观国际设计咨询有限公司

幕墙设计：深圳市朋格幕墙设计咨询有限公司

标识设计：深圳市上行线设计有限公司

设计团队：奥雅深圳公司项目三组　植物组　奥雅深圳公司公建三组

摄　　影：**ACF**域图视觉　林　涛　韦立伟　上官静煊

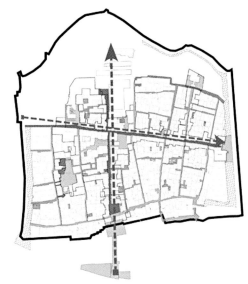

1　2／3　图1 东城门俯瞰　图2 点线面相结合的形式　图3 关帝庙

一、项目概况

位于深圳南山区深南大道尽头的南头古城距今有近1700年的历史，见证了深圳中心片区的日新月异。随着快速的城市化与人口涌入，城中村开始野蛮生长，经过长年闭塞无序的发展，产生了城内设施老旧、生活不便、空间匮乏等问题。经过多次勘探，设计决定将空间活化，融合社区人群，并植入特色元素，用全新的南头古城彰显深圳的底蕴，同时引入新文化创意产业，呼应这座"创意之都"。

二、设计理念

南头古城作为深圳城市中仅有的历史文化载体，它也是"深港历史文化之根"，是历史古城和当代城中村的"共生体"。设计从"城市的寻根与再生"切入，在古城核心片区营造"两带两轴一心两核多片区""一环十字、一核七片多节点"的功能结构，着力打造古城的南北轴与东西轴，并引入多条主题文化街道联结不同片区，用当代的手法延续古城千年的脉络。

三、项目亮点

古城内原本人口结构与空间关系复杂，设计整体主要通过文化展示、历史轴线、活化建筑这三方面，即以"点""线""面"相结合的形式，有机串联起各个片区，丰富原有空间，加强在地文化吸引力。

在古城的南北向轴线上，分布着重点文物保护单位与历史建筑，设计重新梳理空间，将开合变化的序列呈现在这条动线上。

走过入口牌坊，位居一侧的便是居民常去的关帝庙，设计打开了临街围墙，延续了视线，让入口界面与街道的连接处形成了更开放的空间。

穿过牌坊，就进入了南门广场，设计根据原有道路，将南侧空间收拢于一条通向古城的线性空间之内，并清理道路两侧原有的灌木，形成整齐的行道树和开阔的绿地。原本公园内的大榕树、散置石被留存，保留了岭南村口的生活气息。

道路尽头，空间骤然开阔，巍峨的城墙呈现在眼前。设计以瓮城的形式为广场设置边界，又在靠城门一侧设置围绕露出城墙根基的护栏，欢迎人们进入全新的古城。

由城门入内，里面的街道空间层次复杂，与外部截然不同。在改造中，设计采取了划分公私区域、分类解决问题的思路，以店铺前高地的界限作为区分公与私的界面，公共街道做统一的岭南传统风格铺装，高地以上部分业主可自行装饰设计。同时，针对店铺前"有空地""无空地""仅有台阶""共用铺前空间"几种情况，分类处理，最终将破碎杂乱的街道改造为连贯畅通的形态。

在南北街即将完工之际，设计开始进入东西街勘察，它有

图4 入口牌坊
图5 林荫道与南城门
图6 中山公园入口
图7 石笼填充细节

着与南北街相近又不完全相同的调性，画面将逐步从历史遗迹过渡到生活场景。

位于东西街与南北街交会中心的报德祠广场是城内最大的广场，早期为晒谷场，后演变成篮球场，出于对场地记忆的尊重，最终对此进行了保留。

广场边界被重新梳理，改造成集演艺、运动、市集等功能于一体的社区弹性空间。带方孔的同色红砖，以240mm×120mm×50mm的尺寸为模数，统摄整个广场的景墙、花池与坐凳。

此外，在中山公园入口的石笼处，设计循环利用了旧砖材，将废弃的玻璃砖与老砖块一同填入，现代与古老的感觉并存，收获了令人惊喜的效果。东城门是除南城门外仅剩的仍在使用的城门，城头火红的木棉花成为显眼的标志，和异形倒角加工的入口平台一起迎接着进出的人们。

城外是自然的公共空间，城内有浓郁的市井气息，南北街主要彰显历史文化符号，东西街重在展现生活趣味，究其本质，设计希望激发古城活力，塑造拥有文化记忆的家园巷陌，用当代的语言去续写一段千年的故事。

25

深圳市南山区文心公园

项目名称：深圳市南山区文心公园

设计单位：深圳市未名设计顾问有限公司（WMLA）

　　　　　北京远洋景观规划设计院有限公司（深圳分公司）

开园时间：2022年1月

项目规模：26732m²

项目地点：广东省深圳市南山区

项目类别：景观设计

设计团队：车　迪　杨　帆　谢　园　蔡恬岚　刘　玥　林　苑　覃作仕

　　　　　黄舒婷　钟　锋　张　迪　张明富　徐伟琦　陈　昕　杨丽萍

　　　　　张　越

摄　　影：**TAL**/曾天培　未名设计（**WMLA**）

一、项目概况

　　文心公园位于南海大道与滨海大道的交会处，紧邻南山书城，商业配套齐全，居民社区密布，是南山中心区居民的日常休闲目的地。

　　公园始建于2004年，树木蔚然成林，使用者数量持续增加，林下恣意生长的灌木不断抢占居民的活动空间，运动、休闲、社交、育儿人群时常因空间不足而发生冲突。为满足人民日益增长的美好生活需要，赋予公园新的时代内涵，特开展提升改造工作。

二、设计理念

　　保护：在《国务院办公厅关于科学绿化的指导意见》《广东省人民政府办公厅关于科学绿化的实施意见》《深圳市城市管理和综合执法局　深圳市规划和自然资源局关于进一步加强绿地和树木保护管理工作的通知》等有关文件的要求下，改造需要审慎，树木不仅是绿化的素材，而且可以使人重新思考树木与生活场景的关系。

洞察：从观察到洞察，尊重原有使用习惯，基于问题进行设计。

平衡：平衡公众利益主体诉求，解决痛点。

创造：创造新的生活场景，是项目由始至终追求的目标。

迭代：以真实案例实践为基础，促进标准提升。

三、项目亮点

（1）园街一体　时序衔接

公园融入街区，与城市共发展

通过多方协调，文心公园西侧地铁上盖临时占用地正式纳入公园范围，为公园拓展使用功能提供空间上的可能性。整合滨海大道辅道、滨海大道过街天桥、南海大道等道路空间，形成外部的街区环线，与公园进行一体化设计，统筹协调工程时序，减少对周边城市生活的影响。

（2）以坪为纸　以砚为画

阳光草坪，留得三分空间，凝聚七分画意

俯瞰公园，丛林环抱着中心草坪，如自然之手，掬自由的乐园献给城市。改造方案仍将开敞草坪作为公园的中心，在不减少使用面积的前提下，进行完形设计，同时与周边的林木交融，通过海绵化改造提升了草坪的性能。全年龄段的使用者都可以在这里找到自己喜欢的使用方式，互相兼容，又保持着各类人群的"生态位"。

（3）自然华盖　绿荫生活

树木是场地最宝贵的存在，美好生活随之展开

文心公园内保留着约500株原有树木，它们冠幅相错，亭亭交织，宛若华盖。设计尊重了公园内的每一棵树，以树为中心，描绘连续的沉浸式画幅。

① 林缘处落座

草坪周边树木成林，高大的林冠向四周伸展，清理地被灌木，于林缘线下方增设条石座椅和流线型休闲座椅组合，以林缘为框，绘出草坪美景。

② 林间慢跑散步

于绿林与草坪之间随地就势设计慢跑及散步路线，实现3m宽环线跑道长度最大化，并以1.8m宽的步道连通各组团活动空间，通过两级路径，有效化解公园内部的路权冲突。

③ 林窗下游戏

利用原有地被灌木空间，于起伏的地形之间，为孩童们创造林下的"无动力乐园"。多功能设施让孩子们乐不思蜀，于动静之中自在启蒙，增强身体机能，持续探索能力边界。

④ 林荫中舒展

林荫下铺设配色高级、质地柔软的地垫，配备齐全的器械，增强对行人的吸引力。运动是具备魔力的，它的乐趣可以蔓延，帮助场地成为文心公园的活力焦点。

⑤ 林心多元社交

廊架前广场与活动平台融为一体，围合成公园客厅、后花园和天井院落，老人、成年人、孩子各得其所，成为公园的社交中心。

廊架后园林冠蔓延，结成自然穹顶，借助微坡地势，以自然石材拼贴成叠级坐凳，点缀线性灯饰，将原先的灰空间改造成多功能小剧场。

$\frac{5}{6}$ 　7

图5 以林缘为框，大树庇护，瞭望草坪公园生活

图6 主次环线实现快慢分离，功能有序

图7 融美学与质量于一体的儿童乐园

（4）云溪秘境　参与海绵

寻找穿越林间的雨水精灵

将原本困在角落里的水塘改造为弹性旱溪景观，融合地形与林下景观，以砾石铺底，自然净化水体，以耐水湿植物形成生态护岸，丰富景观效果并实现海绵功能。

（5）休闲书吧　轻享服务

褪去喧嚣，觅得一片宁静

利用地铁上盖绿地设置休闲书吧，将阅读功能引入公园，从文化建筑拓展到文化景观。书吧内通过提供轻食、咖啡等服务，为改善传统公园配套服务单一的困境提供了有效的解决思路。

（6）公园再定义生活

文心公园景观升级改造后，成功驱动了城市居民改变生活方式。每天清晨5点半，晨练的老人们拉开公园生活的序幕，随后，跑步者、踽踽小儿、棋牌常客、广场舞团队、球类爱好者……不同人群默契地匹配到适宜自身的时间段和空间位，各类活动有序衔接，直至夜深。

树木亭亭如盖，延续着公园的绿色记忆，闲适、丰富的公园生活，逐渐融入周边居民的日常。

行至园间，心安此处，畅享自然华盖下的公园生活，这是对设计使命的城市践行，更是对现代公园精神的传承和人本初心的体现。

8 | 9　11
10　12

图8 连续景墙形成公园的第一道形象标识界面
图9 颜值与功能兼具的旱溪景观
图10 灯光浅淡，点亮深深浅浅的绿影
图11 文心之砚重新塑造草坪核心，如一件公共艺术作品般存在
图12 文心十二时辰生活图鉴

26

深圳市龙珠大道公交站旁口袋公园

项目名称：深圳市龙珠大道公交站旁口袋公园

设计单位：深圳市未名设计顾问有限公司（WMLA）

建成时间：2021年7月

项目规模：1748m²

项目地点：深圳市南山区龙珠大道桃源村段北侧

项目类别：景观设计

设计团队：车　迪　杨　帆　蔡恬岚　谢　园　刘　玥　林　苑
　　　　　郑　旻　张明富　张　越　徐伟琦　杨丽萍　陈　昕　等

摄　　影：未名设计（WMLA）

一、项目概况

　　龙珠大道是深圳市南山区桃源片区的生活型交通干道，项目位于桃源村东公交站南侧，西距桃源村地铁站B口约100m，东距人行天桥约70m，人流通量大，尤其在公交车站附近已形成通行瓶颈，导致路权冲突、通量不足，无法满足无障碍要求，无法舒适通行。与此同时，较宽的道路绿化用地却荒草丛生。协调不同的管理主体，借用绿化用地满足通行需求成为项目的初始命题，一旦可行，即可为城市中大量类似的空间提供有效借鉴。

二、设计理念

　　市民对美好生活环境的获得感往往来自日常的生活体验，城市的温度于细节中渗入生活。随着深圳的城市公共空间进入品质营造时代，在新建与改造城市公园、广场等大型公共空间的同时，城市小微空间的梳理与改造愈发受到重视，口袋公园成为城市高品质公共空间颗粒度的重要体现。

　　设计通过大量调研发现，无障碍的城市环境、清晰的路权与合理的通量是城市亟须达成的建设目标，因此，口袋公园除承担公共交往、休闲娱乐、文化展示等功能外，更应作为城市进行无障碍环境建设的重要节点予以打造。

三、项目亮点

（1）一场眼里有人的调研

从观察到洞察，持续地调研，发现场地真问题

项目在前期进行了场地观察与访谈，在早晚高峰、平时与周末几个典型时段分别开展行为观察，并对不同年龄段的居民进行访谈。发现场地使用形式多元，包括社区居民归家、周边居民日常休闲停留、骑行通过、公交站上下车、地铁与公交换乘、人行天桥过街……不同通行速度的人流交织，导致公交站台附近产生了堵点，公交车站与绿地边界仅留有1.5m的通行宽度，高峰期甚至需要错峰通行，极为不便。同时，道路一侧绿地内部乔木高大，下层地被杂乱浓密，无法进入，造成空间浪费。

（2）一次再定义无障碍的实践

基于问题设计，拒绝过度设计，拒绝无效设计

无障碍公共空间不仅需要保障残障人士的安全、满足出行需求，更要保障老年群体、孕妇、儿童及其他有需求的人士（如大件行李携带者、购物车携带者等）通过空间载体更加自主、安全、便捷地参与街道生活。

$\frac{1}{2}$ 4
$\frac{}{3}$

图1 生活型主干道旁的附属绿地
图2 现状路权不清
图3 通量不足、错峰通行
图4 主路串联林下休憩空间

基于现状问题梳理，提出利用道路绿地空间解决多种通行问题，使步行、无障碍通行、散步、停留等慢速行为需求在绿地内得到满足，设置2.5m宽通行流线与可驻留休闲场地，实现分速分流，并可实现快行与慢行的相互转换，同时设置隔离设施与无障碍设施。场地仍保留现状的高大乔木用于遮阳，局部增加花乔，改造下层地被，更替为易养护种类。

步骤1：路权清晰，通量合理

龙珠大道非机动车板块主要服务自行车、地铁、公交车站换乘与快速通过的人群，满足步行、无障碍通行、散步、停留等慢速行为需求，实现分速分流。

步骤2：多样通行，便捷转换

根据人流方向与目的地，通行路线规划了三面开口，分别连接龙珠七路、龙珠八路和龙珠大道非机动车道，方便不同路线相互转换，并设置隔离设施与无障碍设施，保障有需求人士安全通行。

步骤3：全龄友好，无碍通行

绿地中新增慢行主路，为在周边生活的居民提供舒适的无障碍通行空间。老人们可以在绿道中安全惬意地踱步，也可以拖着小车去附近的超市购物。带孩子的家长可以推着婴儿车放心散步，接送孩子的家长可以安心地放开孩子的小手。一处微小的改变，就能让全民、全龄、各种需求人群无障碍通行。

步骤4：动静咸宜，温暖街区

沿通行路线南北两侧分别设置一处林下休憩空间，为周边居民提供日常休闲、停留和等候的空间。桃源村的孩子们放学回家之前，习惯在绿地中玩耍一会儿，平时接送孩子的老年人可以坐在林下的座椅上聊聊天，归家路上的居民在林下缓步而行，切换工作时的紧张心情。桃源村的人们亲切地把这里称为他们的"小游园"。

```
      6
5  7 | 8 | 9
   10 | 11
```

图5 绿地满足步行、无障碍通行、散步、停留等慢速行为需求
图6 方便周边家长接送儿童
图7 简洁的条型长凳可供多组人群同时使用
图8 水平相接的交通转换口实现无障碍转换
图9 为周边居民提供日常散步、闲聊的空间
图10 方便居民带宠物散步、带大件行李通过
图11 方便家长带低龄儿童和婴儿车通行

27

蜀龙大道公园城市街道
一体化改造景观设计

项目名称：蜀龙大道公园城市街道一体化改造景观设计
设计单位：元有（成都）规划设计有限公司（景观设计）
建成时间：2021年6月30日
项目规模：道路长度12.6km，一体化设计红线范围约25万m²
项目地点：四川省成都市新都区
项目类别：道路景观设计
设计团队：蒋侃迅　朱俊安　胡偲佶　谢圣洋　郝　阳　姚俊华
　　　　　邱晓冬　汪　雪　刘赛君
摄　　影：元有景观

一、项目概况

　　蜀龙大道全长约12.6km，位于新都区内，南起熊猫大道，北至鸿运大道，是成都市区域级交通主干路，联系着新都区与成都市区。自2005年建成通车，蜀龙大道沿线发展迅速，车行交通量巨大，但全线无贯通的慢行系统，配套设施老旧，很多路段甚至没有人行道，而大量的防护绿地却又无法被人所利用，市民出行体验感较差。

　　作为成都市首批公园城市街道一体化实施项目，蜀龙大道通过对车行空间与慢行空间进行全方位改造，营造人车共享的新型道路公共空间。

二、设计理念

　　设计将场地可改造空间总体划分为通行空间改造与停留空间改造两个部分。

　　通行空间改造主要指对沿车行道线型两侧的人行步道空间的改造与优化。基于场地空间尺度、场地内现状人行步道材质、场地内现状乔木点位3个要素，设计将场地归纳为12类不同的现状情况，并以一体化改造策略为原则，通过增设绿化隔离、更换透水铺装、梳理现状种植、完善基础设施的策略为每一类空间提出相应的改造方案。通过空间的改造让自行车、电瓶车和人行各得其所，满足了慢行交通全线串联的需求，极大地提升了道路风貌和使用体验，成为周边市民绿色出行、散步健身的线型公共空间。

　　停留空间大多位于十字路口的转角处，这些街角往往都有大块的绿化用地，但并没有被有效利用，设计将这些消极用地纳入了改造范围，将其打造成可供市民停留休憩的积极空间。通过增设停留空间、梳理软景种植、补充小品设施3个方面的改造，为场地增加了28个转角口袋公园。

1	2	4
	3	

图1 改造前后对比鸟瞰
图2 街角口袋公园实景
图3 口袋公园花境实景
图4 街角口袋公园模型

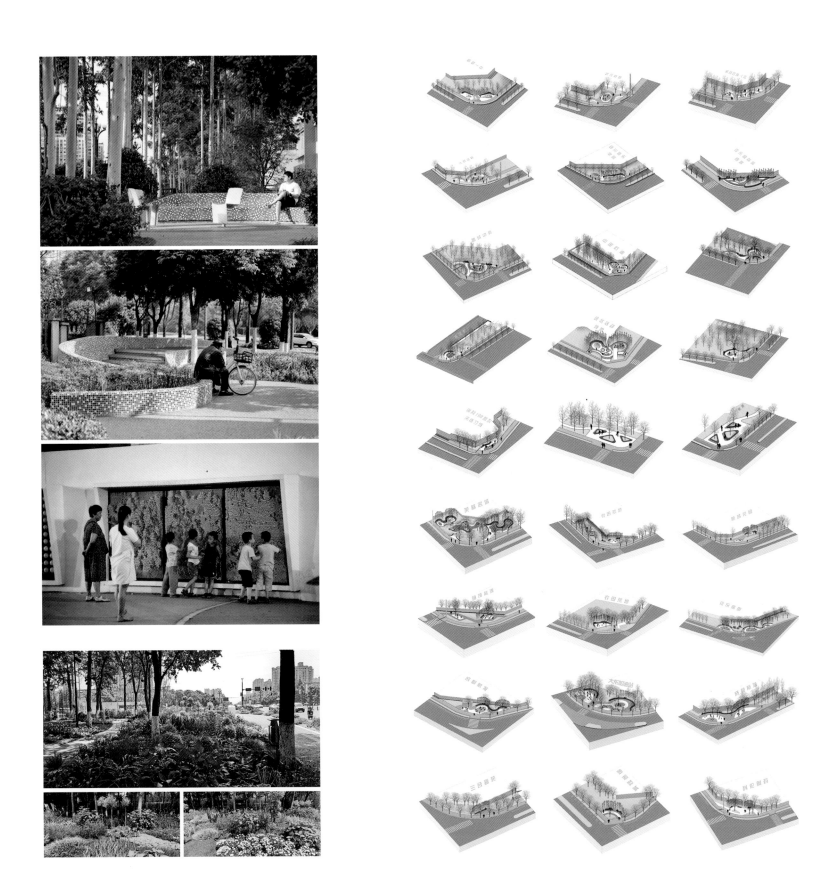

三、项目亮点

（1）休憩空间——"城市盒子"

除了路口转角的节点，在狭长的路线中仍需要大量停留空间，设计植入了名为"城市盒子"的构筑物。城市盒子采用单面墙作为结构支撑，以减小构筑物的占地空间，在狭长的空间中可以根据需求灵活摆放，适配不同尺度的场地；而后，在白色墙体上镶嵌不同的木色单元盒状空间，为不同的人群提供多样化的休憩功能，虚实相衬、简洁明快的造型亦为街道提供了统一美观的立面形象，自动售货机的引入，也方便人们在休憩时进行辅助购物。

（2）特色公交站——"前站后台"

蜀龙大道作为城市区域主干道，公交线路是市民出行的重要途径，而公交站台作为慢行交通与公共车行的转换空间，对优化市民的出行体验至关重要。

改造前的公交站台处于车行辅道与主道之间的侧分绿化带上，进深不到2m，等候空间局促且前后都与车行道相邻，毫无遮拦，导致人们候车时缺乏安全感和舒适感，每逢高峰时段，甚至还会出现人群被迫在车行道上候车的情形。

设计首先将站台的上车区和等候区分离，在站台后侧绿地中借由"城市盒子"来提供休憩等候的功能，并嵌入智能显示屏，让人可以随时关注公交班次和到达时间，做到毫不慌张地惬意等候，当自己要乘

5　　6

图5 焕然一新、功能复合的非机动车通行空间
图6 "前站后台"特色公交站

坐的车辆即将到站时，再来到前站区域排队上车。这种"前站后台"的候车空间布局，既提升了候车体验，同时也减少了占道候车的安全隐患。

公交站亭也是城市道路重要的形象标识物，设计摒弃传统的千篇一律的成品站亭，在满足功能需要的同时，融入新都说唱俑和熊猫等历史文化元素，是对一座城市"文化自信"的强有力表达。刚一投入使用，新的公交站亭就受到了本地市民的褒赞，成为新都城市的文化名片。

改造后的蜀龙大道成为周边市民绿色出行、散步健身的线型公共空间。人们在口袋公园中或停留交谈，或观景玩耍，甚至还自发地组织了唱歌演奏活动，经过改造，原来无人问津的停留空间成为展示市民风貌的城市舞台。

如今的蜀龙大道作为成都市新都区的门户形象，入选了"成都最美街道"网络评选。一方面，为初次来新都的人留下了良好印象；另一方面，也打破了市民心中对之前城市道路风貌的刻板印象，为新都的城市营造树立了良好口碑。

28 四川南部水城禹迹岛公园

项目名称：四川南部水城禹迹岛公园

设计单位：深圳毕路德建筑顾问有限公司

建成时间：2021年3月

项目规模：100万m²

项目地点：四川省南充市南部县

项目类别：景观设计

设计团队：杜　昀　胡楚林　李威宜　Lemsic Arnel Manga
　　　　　黄　刚　张　莉　李　瑾　林伟水　侯英儒　蔡颂宏
　　　　　刘德良　谭应虹　刘德拉　陶　哲

摄　　影：三映景观摄影

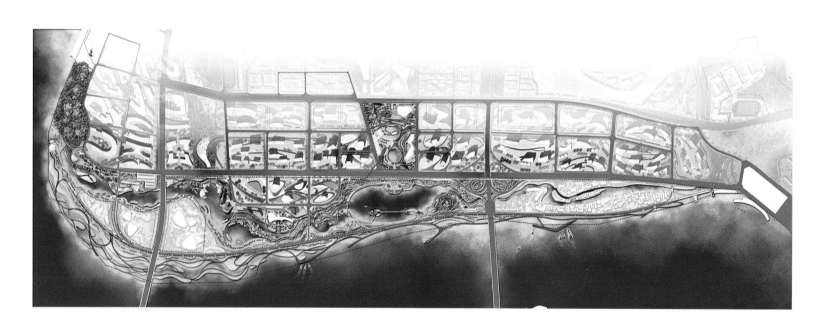

一、项目概况

禹迹岛所处的四川省南充市，是全国中小城市综合改革试点城市，拥有丰富的自然资源——嘉陵江，以及深厚的历史文化底蕴——大禹文化。基于场地情况，规划了南部风情、水韵天街、禹迹寻踪、水上森林、梦里水乡五大版块，力求形成一幅水城相融的南部画卷盛景。

二、设计理念

设计本着敬畏自然、进发未来的原则，提出"嘉陵明珠、璀璨江畔"的理念，将嘉陵江水引入场地，营造城在水上、水在城中的南部水城，为人的亲水活动创造更贴近的直观体验。建成后的公园既成为市民休闲健身的好去处，又为提升南部县综合承载能力和竞争力，促进县域经济快速发展起到了积极推动作用。

三、项目亮点

（1）森域景观设计策略

借由森域景观设计手法，借助城市山水、文化资源的联动，构建了一个文城一体、产城一体、景城一体的生态人居环境。

针对现今滨水风光带多只注重湿地营造，从内陆到江边的植被过渡缺失，导致出现强烈的沿江设计带痕迹，景观生态着力缺乏的问题，禹迹岛公园项目借助原生林、补植林、人工片植林和特色景观林巧妙完成过渡带设计，完美实现从原生到人工造景的转换。

原生态—园林化的纵深打造

传统滨水带强调的是湿地系统的生态化打造，将滨水湿地的液泡生态、自净系统做到极致。但是从湿地生态逐步向林区生态转变的过程却被城市道路和滨江堤防所阻断。

为了营造更完善的生态系统，在规划之初，设计打破固体边界的障碍，充分考虑滨江带与城市滨水公园的结合，由内到外构建了江边滩涂—湿地系统—原生林—人工化园林区域—城市边界的纵深林线，让自然和城市更完美地融合。

固态到流体的设计转变

面对滨水空间和城市边界之间通常横贯着的固态防洪设施，传统的设计手法是将其作为平行于河道

1　　2

图1 总平面图
图2 项目概览

115

的空间，设计亦依此展开，最终形成了第二条平行于滨水带的线性空间：一条由大小节点和步道系统串联，围绕防洪道路盘桓的固态模式。

为了规避防洪措施对整个滨江带的线性控制，设计借鉴中国园林的造景手法，构建了多个不同的"局"的形态，通过多个围合空间，打造中国山水画中的连续多灭点场景，形成流动画卷。

水岸景观的有机整合

传统设计中将滩涂原生林、堤岸补植林、蓝绿人工林三个区域分隔开来的方式对水生态的帮助甚微，由于植物根系发达的特性会导致某些强势树种大面积侵蚀原本希望分开的其他空间，最后得到的是经不起时间洗刷的环境风貌。

因此，设计对地上和地下空间进行了系统考量。针对地上水岸，通过打造视觉通廊，在不破坏原生林边界的前提下，对其适当进行组团化梳理，如清理胸径小于10cm的乔木等，从而营造山水园林的艺术效果。

针对地下水岸，则通过人工手段来阻断菖蒲、巴茅、芦苇等植物根系的无限制延展，令水道进入滩涂地块，从而变滩涂为湿岛，改善鸟类的觅食空间和大型鸟类的栖息之地。

图3 视觉景观带
图4 亲水步道
图5 景观步道打破固体边界
图6 透过层层植被的视野
图7 森林景观
图8 鸟类栖息地
图9 开放的活动空间

（2）一岛一世界，一水一乾坤

针对地幅阔大绵长的外滩区域，设计通过塑造地形、调整植物疏朗关系、围合密植组团与道路、打造停驻场地以及营造特色旱溪，提供了丰富多样的视觉感官体验，使游客在游览的过程中，既能感受到山河磅礴的壮丽，又能有游园细节上的回味。

作为市政公园，项目需兼顾游人的体验感和参与性，但决不能以牺牲原生林为代价。因此，设计采用或疏减迁移，或完整保留等方式，实现原生林生态价值最大化。同时，栈道设计亦顺应林下空间进行调整：宽处自然形成停驻小广场，窄处则以蜿蜒小路延伸至林中。一切仿若天成，游人漫步其中，可尽情欣赏自然的华彩。

精挑细选的植物构建了一处自然形态格局完整、功能及空间布局疏密有致、景观与植物系统丰富的以生态为基底的市民活动空间。设计通过整合考量原生场地、设计风格、苗木资源等，将变与不变都蕴藏于设计思考中，为每一棵植被都找到了最适合生长和被观赏的位置。于每一位游客而言，其到达的当下就是最美的时光。

"人道我居城市里，我疑身在万山中。"南部水城禹迹岛公园，以归于自然、融于自然的去风格化手法，平衡河道开发与生态自然的矛盾，营造出历久弥新、生生不息的新型水岸景观空间。春生夏长，秋落冬藏，在禹迹岛公园，人与水以最亲切的形式重新连接，与城市共呼吸，续写着新的记忆篇章。

29 天河智慧城智慧水系（东部水系）连通一期工程勘察设计

项目名称：天河智慧城智慧水系（东部水系）连通一期工程勘察设计

设计单位：广东省建筑设计研究院有限公司　北京土人城市规划设计股份有限公司

建成时间：2015年6月

项目规模：468000m²

项目地点：广东省广州市天河区

项目类别：景观设计

设计团队：古旋全　蒋冬林　李　蔚　何美才　单超一　罗嘉亮
　　　　　李牧川　曾嘉莉　张永生　王书芬　王立君　黄玉骏
　　　　　潘吴伟　伍金辉　马　巍

摄 影 师：陈曼莎　隆·视觉

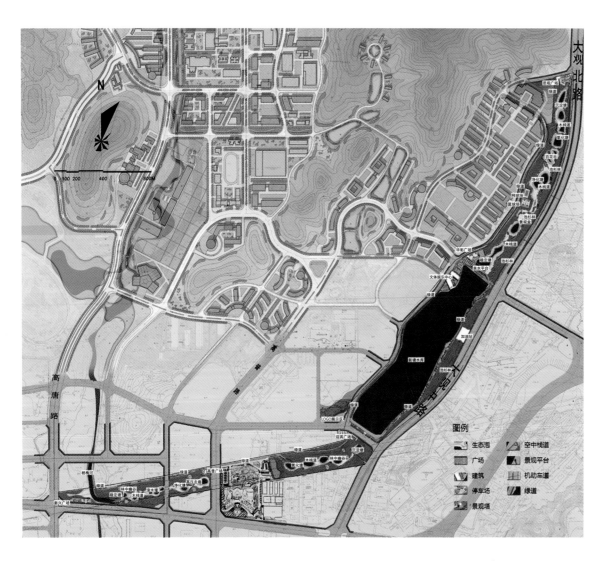

1
2
3

图1 总平面图
图片来源：北京土人城市规划设计股份有限公司
图2 上游段鸟瞰图
图3 华彩广场实景图

一、项目概况

　　天河智慧城智慧水系（东部水系）连通一期工程为智慧城东部片区的景观休闲带。项目位于广州市天河智慧城东部，东邻大观中路，南邻云溪路，北接旧羊山，东邻软件园中心区，为天河智慧城"山青水秀之城、智慧低碳之城、新岭南创意之城、宜居幸福之城"规划定位的示范性景观节点。

　　项目注重生态建设，采用海绵城市的设计理念及环保新材料，是广州市第一例海绵城市示范项目。项目建设为周边居民及办公人员提供了舒适的环境和活动空间，为智慧城的全面建设提供了良好基础。

二、设计理念

　　以海绵城市原理为指导，运用科学的技术手段，针对现场环境、周边生态与文化环境进行科学分析，提出"设计的生态——重塑人与自然的和谐，湿地回归——与雨洪为友的景观智慧"的设计理念。

三、项目亮点

项目总体结构为"一核两翼","一核"是指新塘水库,"两翼"即新塘水库上下游的两条谷地,三个区域以游步道串连。

灿烂花谷,雨水花园(上游段)

改造场地地形、植被,使其形成洼地,起到收集雨水、补充地下水的作用。在洼地内设计连续的水塘,结合植物配置,净化水体,为下游提供清洁的水源。滞留的雨水为洼地内的植物生长提供了充足的水源,使场地在低维护的情况下依然可以形成绚烂的花谷景观。湿地生境为生物提供了良好的栖息地,有利于提高场地内生物的多样性,使场地可以作为科普教育场所,发挥雨水花园的多种生态服务价值。

立体交通,多重体验

场地内连续的自行车道与天河智慧城水廊整体绿道相连,成为广州市绿道系统的一部分。主要步行交通是临空木栈道,提供对自然最小干预的游览方式。局部景点附近有汀步回游道,亲近自然景观。

湿地生境,生态幽谷

湿地泡主要收集大观路路面来水及上游来水,根据广州城区雨水水质检测结果,本地雨水悬浮颗粒较多、重金属Pb含量高、偏酸性,设计的此段净化工艺为生物氧化池处理工艺,由沉淀池、氧化池、净化池、稳定池对入库雨水进行初级处理。

生物氧化塘的作用机理主要是通过各物种间的相互作用形成食物链生态系统,其中不仅有分解者细菌和真菌,生产者藻类和其他水生植物,而且还有消费者如鱼、虾、贝等,三者分工协作,对雨水中的污染物进行有效的处理和利用。

在植物配置上,设计根据不同湿地塘的矿物质含量,选取适应的植物,净化水体的同时营造丰富的景观效果。

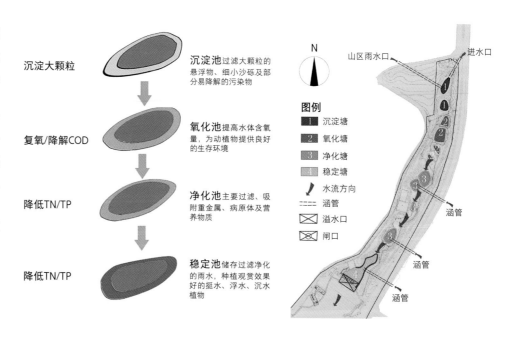

沉淀大颗粒 → 沉淀池 过滤大颗粒的悬浮物、细小沙砾及部分易降解的污染物

复氧/降解COD → 氧化池 提高水体含氧量,为动植物提供良好的生存环境

降低TN/TP → 净化池 主要过滤、吸附重金属、病原体及营养物质

降低TN/TP → 稳定池 储存过滤净化的雨水,种植观赏效果好的挺水、浮水、沉水植物

图例
1 沉淀塘
2 氧化塘
3 净化塘
4 稳定塘
水流方向
涵管
溢水口
闸口

山区雨水口　进水口　涵管

4
—
5   6

图4 临空栈道
图片来源：北京土人城市规划
设计股份有限公司

图5 净化流程

图6 生态花谷

30

北京望京小街城市更新

项目名称：北京望京小街城市更新

设计单位：Instinct Fabrication本色营造

建成时间：2020年8月

项目规模：29268m²

项目地点：北京市朝阳区望京街9号

项目类别：商业办公+城市更新

设计团队：楼 颖 毛 征 孙丽娜 刘玉凤 李静怡
　　　　　刘升阳 苏子珺 刘小慧 班千祎

主 创 设 计：楼 颖

方 案 设 计：毛 征 孙丽娜 刘玉凤 李静怡
　　　　　　刘升阳 苏子珺 刘小慧 班千祎

施工图设计：刘玉凤

植 物 设 计：李静怡

水 电 设 计：陈 丹（水）陆 清（电）

结 构 设 计：陈 刚

摄　　　　影：河狸景观摄影 鲁冰

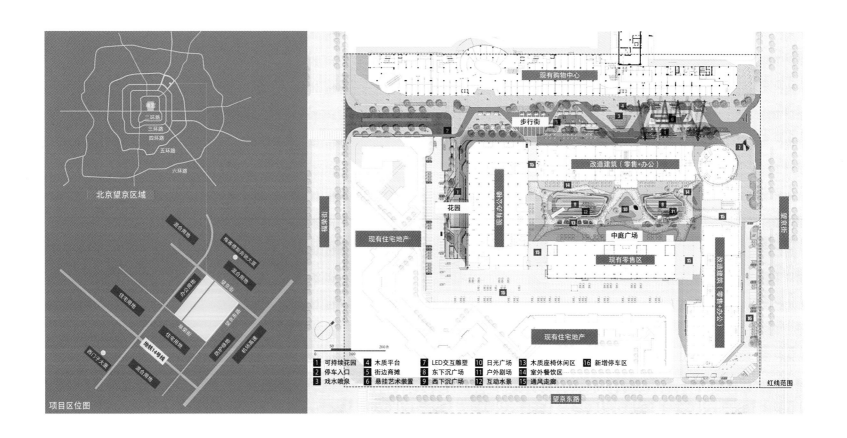

1 可持续花园　　4 木质平台　　　7 LED交互雕塑　　10 日光广场　　13 木质座椅休闲区　　16 新增停车区
2 停车入口　　　5 街边商摊　　　8 东下沉广场　　　11 户外剧场　　14 室外餐饮区
3 戏水喷泉　　　6 悬挂艺术装置　9 西下沉广场　　　12 互动水景　　15 通风走廊

项目区位图

一、项目概况

项目位于北京市朝阳区望京片区，为北京第一个成功整合复杂系统的城市振兴项目，通过"政府引导社会资本参与"的开发模式、"共建、共治、共享"的可持续运营模式，将一条逐渐衰落的市政道路转换成一个社区重要的开放空间。

二、设计理念

项目将人与景观、艺术和社区生活的互动作为设计灵感。这个概念体现在项目的三个主要空间——街区、中庭、花园。

三、项目亮点

打破界线，缝合空间，体现公园城市特色。对小街属性的重新定义，促使设计对小街的空间格局进行重新梳理，并运用景观的手段缝合街道两侧和连接整个城市片区。相较传统的城市街道空间，40m宽的小街更像是一个城市公共走廊，它被看成是一个社区与城市间转换的通道，通过模糊边界，利用现有高差区分通行空间和停留空间，实现建筑立面到整体多维一体化等手段，打造一个既细腻又极具体验感的纯步行公共空间，同时可为休闲活动及商业活动留白，能够让更多游人驻足。

1   2   图1 区位及总平面图   图2 雨水花园

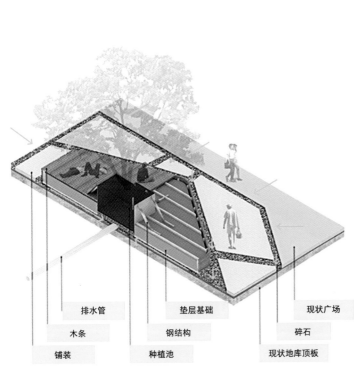

排水管　　　　垫层基础　　　　现状广场
木条　　　　钢结构　　　　碎石
铺装　　　　种植池　　　　现状地库顶板

31

武汉华侨城D3地块南侧
湿地公园

项目名称：武汉华侨城D3地块南侧湿地公园

设计单位：深圳奥雅设计股份有限公司

建成时间：2020年5月

项目规模：85000m²

项目地点：湖北省武汉市武昌区

项目类别：景观设计

设计团队：奥雅股份上海公司公建一组/武汉公司技术组、后期组

　　　　　武汉中科水生环境工程股份有限公司

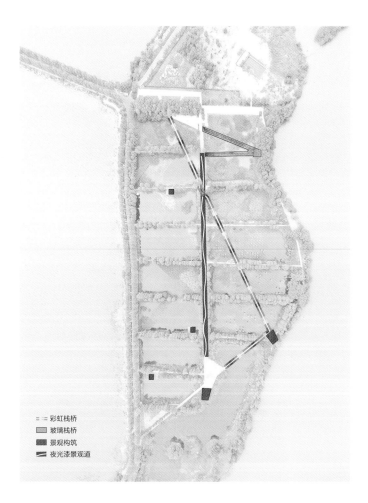

- = - 彩虹栈桥
- ☐ 玻璃栈桥
- ■ 景观构筑
- ◢ 夜光漆景观道

一、项目概况

武汉华侨城湿地公园位于东湖生态旅游风景区内。改造提升将对场地基底的恢复与保护放在首位,运用色彩活化公园,增加体验与互动装置,积极探索存量公园的形式。

二、设计理念

场地生态基底良好,保留原有的鱼塘格局,但存在人气不足、水循环系统故障等问题。设计采用针灸式的改造方法,将大部分精力投入生态建设,从空间、硬景、水体、植栽的综合提升出发,激活公园整体氛围,力求打造人与自然和谐交织的生态科普乐园。

三、项目亮点

鉴于原本的桥体结构足够长,设计决定用色彩来诠释。为了增加高饱和颜色的高级感,确定栏杆上色为每76.8m一个标准段,共有5个标准段,每个标准段9种颜色,每4段栏杆刷一种颜色,在视觉上形成渐变的韵律。

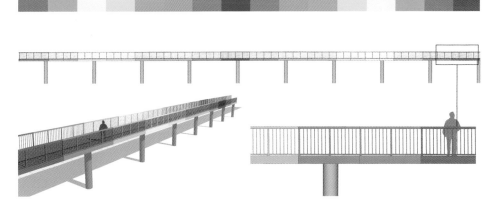

	2	3		5
1		4		

图1 硬景分布
图2 彩虹桥鸟瞰华侨城方向
图3 连通路和主干道交会
图4 彩虹桥远景
图5 彩虹桥刷漆模数

原有的休息亭被重新着色，赤红色与周边绿意形成了视觉冲击；在与彩虹桥交错的主轴直道上，以夜光漆喷涂出水流状曲线，作为形式语言，引导人进入植物展厅或观鸟点。

观鸟亭采用竹木材料布置，立面部分空出形成观鸟窗口，还于内部增加了休憩座椅及科普信息，增强实用性。

此外，为提升水质和预防蓝藻，设计通过调整标高，梳理驳岸，增加提升泵，合理布置沉水植物、挺水植物区，现场形成环动的水系统。物理和生物净化手段双管齐下，来自东湖的IV类水经过三层净化达到II～III类水标准之后，再汇入西侧的水生植物展示区加以利用。

城市与生态的平衡问题，并没有想象中那么艰深难解，武汉华侨城湿地公园给出了一个很好的答案。用虫鸣鸟啼与缤纷彩虹治愈人们，调节紧张的生活节奏，自然对人们而言，变得触手可及。

清淤平整

池底塑形

底质改良

边坡杉木桩

人工收割抽稀

水生植物种植

6 | 7 | 8 / 9 | 10

图6 生态施工步骤实景　图8 彩虹桥夜间近景　图10 观鸟平台使用场景
图7 总平面图　图9 休息亭远景　图片来源：武汉中科水生环境工程股份有限公司

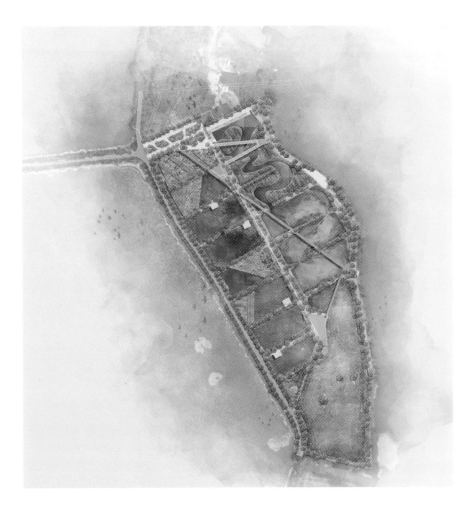

32 西安立德思小学景观设计

项目名称：西安立德思小学景观设计

设计单位：Instinct Fabrication本色营造

建成时间：2019年8月

项目规模：18000m²

项目地点：陕西西安市秦汉新城

项目类别：校园景观

设计团队：楼　颖　郭　玮　邵国靖　刘璧凝　杨佳星　刘瑷琳

　　　　　苏子珺　徐跃华

主创设计：楼　颖

方案设计：郭　玮　邵国靖　刘璧凝　杨佳星　刘瑷琳　苏子珺

施工图设计：徐跃华

植物设计：高文毅

水电设计：洪　丹（水）陆　清（电）

结构设计：陈　刚

摄　　　影：河狸景观摄影

一、项目概况

西安立德思小学位于西安市的秦汉新城，学校景观部分由庭院、露台、下沉广场及操场组成。设计赋予了空间不同的主题与功能，分别为入口礼仪广场、家长等候广场、下沉剧场、垂直游乐园、植物认知花园、好奇心乐园及蒙德里安空中走廊。

二、设计理念

项目旨在将自然带入校园。设计不仅打造了充满绿色植被的户外环境，而且为小学生们提供了更多的近距离体验自然的机会以及和自然质感的校园景观环境。

1	2	3	图1 校园大门	图3 南下沉广场
	4		图2 北下沉广场	图4 景观空间多样性

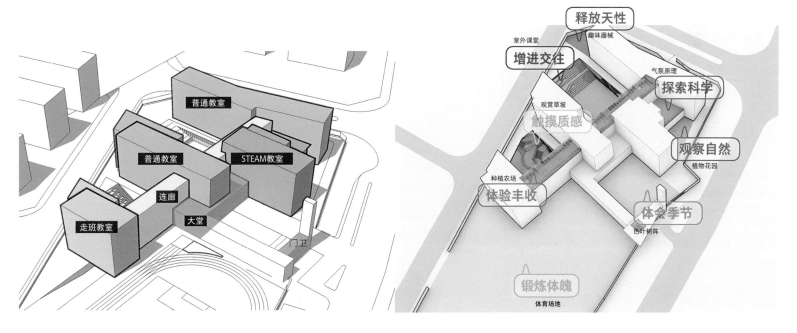

131

三、项目亮点

设计在校园西侧打造了南北两个主要庭院景观，结合日照分析，这两个庭院是光照最多的区域，也是最容易被学生使用的景观空间。

校园景观作为传统室内课程的拓展设施有助于激发更多的教育灵感。四层的蒙德里安空中走廊与二层的好奇心乐园表现了建筑、景观、人三者之间的和谐关系，向学生们展示着大自然的神奇魅力。

景观设计为了体现与学校STEAM（科学、技术、工程、艺术、数学）教育系统的呼应，开发了一个揭示空气输送原理的设备以提供玩乐互动体验，整个场地鼓励孩子与景观进行对话互动，从而激活自身的热度和生命力，为孩子们提供一处科普平台。

安全性上，希望能在设计中尤其是细节上消除对孩子们活动和使用的不利因素与隐形伤害，并提供了舒适的家长接送环境及交流空间。

充气泵

△ 设计灵感

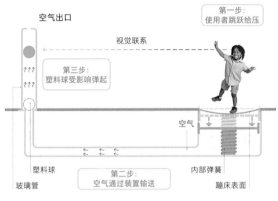

空气出口

视觉联系

第一步：
使用者跳跃给压

第三步：
塑料球受影响弹起

空气

塑料球

玻璃管

第二步：
空气通过装置输送

内部弹簧

蹦床表面

△ 装置原理

33
西丽生态公园工程

项目名称：西丽生态公园工程	项目负责：彭章华
设计单位：深圳园林股份有限公司	方案设计：魏　隆　刘沁雯　孙文豪　潘宣合　陈飞燕　王　莉　黄种劲
建成时间：2020年5月	施工图设计：麦耀锋　黎斌斌　郭　彪　张　红
项目规模：20hm²	植物设计：陆远珍　冯国冰　吴闻燕
项目地点：深圳市南山区	水电设计：骆建文　文新宇　张学财　朱丽倩
项目类别：景观设计	结构设计：李　巍
	摄　　影：陈卫国

一、项目概况

西丽生态公园位于南山区南光高速东侧，打石一路西侧，东西长约420m，南北长约720m，场地内最大高差约为80m，公园总面积约20hm²。场地山地形态单一，缺乏有特色的自然山水资源，大部分场地空间高差陡峭，难以通达，使场地通达、功能场地布置与周边融合协调是设计的重中之重。

二、设计理念

首先要进行有效的生态修复，确定公园城市绿肺的功能定位，提升地块内的生态条件，落实海绵城市策略，并通过展览及公园活动，向公众传达生态保护的理念，让公众在自然轻松的环境中感受生态理念的美好与珍贵。其次是利用场地内的80m高差，打造层次丰富的公园体验，作为公众的休闲空间。最后是需要满足当下以及未来市民生活、学习、社交的需求，实现自然地块与都市空间的融合发展。

公园以"城市绿肺+社交客厅+环保课堂"为主题，通过鲜明的自然景观、友善的社交空间、前瞻的环保理念、永续的发展四大设计策略，构建一个自然、生态、休闲的城市山地生态公园。

三、设计亮点

（1）天空栈道（创意设计）

天空栈道位于山顶，宛如一个精致的皇冠，将人行的动线抬升，剥离山地的地面，既能保护山顶区域的自然植被与地貌，减少人的行为对自然表皮的干扰与破坏，也能提供更加开阔舒展的步行体验，让人在深圳这样一个快节奏、高密度的城市感受云中漫步的浪漫与悠闲。

| 1 | 2 |

图1 全园鸟瞰效果
图2 实拍鸟瞰全景

结合场地的条件与景观视野，在不同的角度与位置安置了景观亭，满足人们休憩的需求，并通过景亭的设计引导视野，将城市美好的天际线画卷展现在人们眼前。在玻璃观景平台上，可以透过玻璃看到陡峭山下的自然石块，更是增加了惊险刺激的游园趣味。

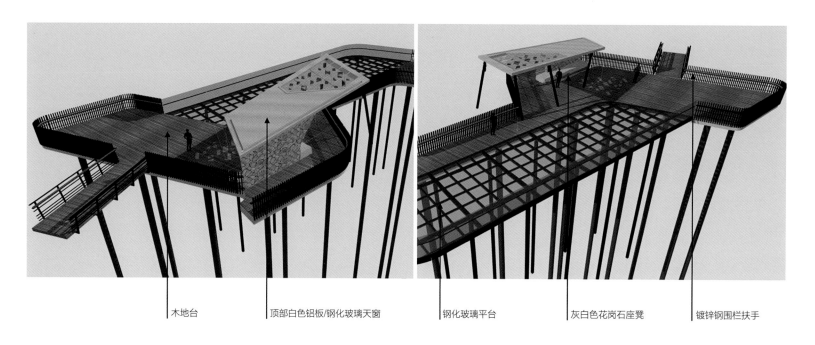

木地台　　　顶部白色铝板/钢化玻璃天窗　　　钢化玻璃平台　　　灰白色花岗石座凳　　　镀锌钢围栏扶手

（2）休闲荔林（地域文化）

公园所在的南山西丽区域的荔枝是深圳有名的特产，而项目场地中是一片长势良好的荔枝林。在设计的初期，就明确了要保留荔枝林。围绕荔枝林，林下采用透水材质，让人在盛夏依然可以感受密林下的习习凉风。同时，在荔枝林外，利用场地的高差，设置了观景休闲平台，人们可以观赏荔枝林顶部浓密的绿色。场地利用地形起伏，采用了系统的雨洪管理策略，落入公园中的雨水，经过地形引导的汇水面，注入耕地以及自然地被区域，局部营造了下沉式绿地，打造季节性的雨水花园，人们可以走在雨水花园的一侧近距离观赏，也可以站在观景平台上俯视。历史悠久的荔枝林被打造成公园一个主要的特色主题空间。

（3）垃圾分类主题展馆（生态理念）

垃圾分类主题展馆给市民提供了一个了解垃圾分类以及环保相关资讯的特色场所，让市民感受到生态的美好。以展览馆建筑为核心，运用多媒体技术和手法，并结合室外的阳光草坪，可以满足室内外的各种活动需求。建筑展览流线场景化、故事化，本着垃圾处理"减量化、资源化、无害化"三大原则，将展览的三大板块以"旅行"的方式展开，通过建筑的功能布局引导观众重新认识垃圾，开展一段奇妙的探索旅程。不同于常见的"围合式""内向型"展示中心，这是一个开放、艺术、轻盈并贴近自然的场所，如同一块悬浮着的、坐落于森林中的玉石。木质材质、玻璃栏杆，模糊了构筑与自然的边界；林间叠瀑、风吹草动、流水蝉鸣，人工与自然和谐相处。

图8 南山区垃圾分类科普体验馆外部
图9 南山区垃圾分类科普体验馆内部

三

规划类

生态

中国景观

34 2022年冬奥会及冬残奥会延庆赛区生态修复及景观设计

1 | 2 | 3

图1 赛区鸟瞰
图2 总平面图
图3 雪道修复后

项目名称：2022年冬奥会及冬残奥会延庆赛区生态修复及景观设计

设计单位：中国建筑设计研究院有限公司生态景观院

建成时间：2021年6月

项目规模：约204hm²

项目地点：北京市延庆区

项目类别：城市生态修复类规划设计

设计团队：史丽秀　朱燕辉　关午军　杨贺明　李　飒　戴　敏
　　　　　王　悦　杨宛迪　滕依辰　李秋晨　管婕娅　王　龙
　　　　　申　韬　常　琳

摄　　影：张　锦

140

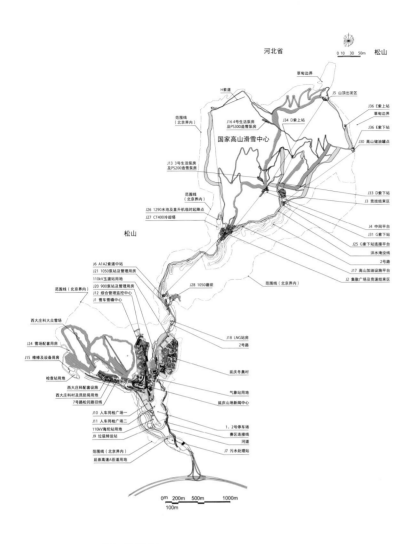

一、项目概况

　　2022冬奥会及冬残奥会延庆赛区位于北京市延庆区小海坨山张山营镇，延庆赛区核心区生态修复用地约204hm²。规划设计中，贯彻了习近平总书记的"绿色办奥、共享办奥、开放办奥、廉洁办奥"的"四个办奥"指示精神，结合中国文化特色，体现中国元素、当地特点，保护生态环境和文物古迹，传承和发展中国传统的规划理念和建筑元素，让现代建筑与自然山水、历史文化交相辉映。最大限度减少对山林环境的扰动，使建筑、景观与自然相融合，中国山水文化与冬奥文化相结合，建设一个掩映于自然山林中的冬奥赛区，呈现一个能够面向世界的、具有中国特色的现代山林场馆群。

二、设计理念

　　赛区生态环境修复规划，优先保护生态资源，为"绿色办奥"，按照"保护优先、修复并举、恢复生息"的"近自然、巧因借"理念，通过"划定生态红线、修补生态廊道、维护安全格局"三大策略，进行赛时赛后保障，实现维护生物多样性、生态栖息地、生态系统的整体保护。

　　景观依据生态修复强度采取线性、点状、面域的修复策略，形成"一线""三片""多点"的分区修复。以线带面多点提升：线性空间修复沿途包括水体湿地修复区、市政道路设施边坡修复区、缆车路线修复区，依托赛区建筑（国家高山滑雪中心、国家雪车雪橇中心、冬奥村）建设为核心的片状生态修复区域，以分散的附属设施为主体的点状生态修复区。生态保护优先，以近自然风貌修复为目标，突出1000m垂直海拔下的差异风貌，带给人们不同的感受。

三、项目亮点

创新于生态修复的规划建设的动态统一，创新于生态景观的相生互补，创新于景观视角的生态修复技术艺术化呈现，创新于成熟技术实验集成应用。以生态保护优先、人工修复分期实施、促进演替、自我修复为策略，初期提供基本使用功能，结合立地条件做针对性、分期性修复。

深入研究植被本底，优先保护生态资源。深入研究《延庆赛区生态系统本底资源调查报告》，保留原山体植被品种群落特征，修复植被与现阶段次生植被群落，增加景观冬季常绿树木，优化生态风景效果。

"近自然"修复保证生态风貌的原真性与生态系统的稳步恢复。生态系统修复优化，遵循"近自然森林培育"的原则以及原有生态系统的规律，采用乡土树种，尽量减少人工痕迹，使其与周围自然景观相适应，保证整体风貌的完整性。建立近自然的人工群落，提升场馆周边景观风貌的功能和效益。

"自然演替"修复原则满足不同时期生态需求。空间覆盖修复、生长期时序修复、实施分布修复等多形式修复策略，以"自然演替"为依据，满足建设期、修复期、养护期、成熟期的不同生态效益及风貌需求。全过程生态修复历程关注近期、中期、远期生态效益，结合原有植被，按海拔跨度划分区域，依照阴坡阳坡的植被生长规律、土壤条件进行植物的修复种植设计。近期，通过栽植达到阔叶常绿混交林盖度，形成植被恢复初期灌草、乔草群落全覆盖。中期，达到乔草覆盖要求，实现灌木全覆盖。远期，达到设计乔木盖度的恢复效果，为植被自我修复提供时间和空间。

建设植物保护小区，提升生态保护修复价值。通过植物保护小区、近地保护小区建设对原生、珍稀植被进行保护。在充分踏勘的基础上，结合工程规划设计图，建立自然保护小区，为延庆赛区规划区内的珍稀植物提供良好的栖息地。

保护动植物资源，提升综合生态效益。在制定物种保护与栖息地恢复重建措施的过程中，为野生动物营造扩散迁移通道，就地恢复自然栖息地，在提升野生动物保护成效的同时，维护生态系统结构与功能的完整。

水生栖息地生态恢复。充分利用现有河流、水池水体，结合地形条件和土地利用状况，充分考虑水生保护植物和两栖爬行保护动物栖息地建设。

以科学的角度审视生态修复的必然性、耦合性以及可持续性，以艺术的角度对场地的生境风貌创伤进行挖掘、审视与艺术化再造，以专业施工的角度实验、实践提升工艺，最终还自然以自我生息的环境和生命力，与自然握手言和。

35
池州护城河遗址公园

项目名称：池州护城河遗址公园

设计单位：阿普贝思（北京）建筑景观设计咨询有限公司

建成时间：2018年

项目规模：35000m²

项目地点：安徽省池州市

项目类别：景观设计

摄　　影：焦冬子

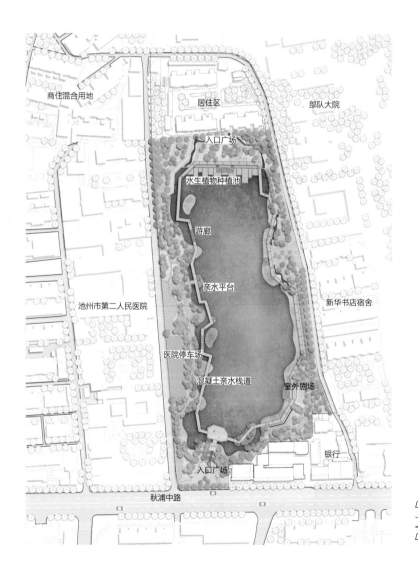

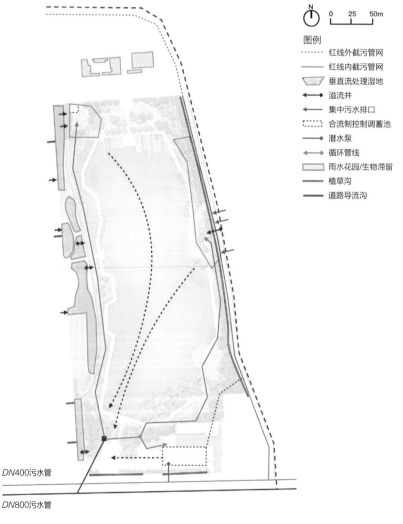

图例

- - - - -　红线外截污管网
────　红线内截污管网
▽▽▽　垂直流处理湿地
◄──►　溢流井
◄──　集中污水排口
- - - -　合流制控制调蓄池
──►　潜水泵
◄──►　循环管线
　　　雨水花园/生物滞留
────　植草沟
────　道路导流沟

DN400污水管

DN800污水管

一、项目概况

池州是第一批海绵试点城市之一，作为沿江城市，水资源丰富，但由于城市化进程不合理，出现如内涝、积水、开发饱和等城市病。2015年，池州将中心城区18.5km²的范围划为示范区，启动了117个海绵城市建设工程，池州护城河遗址公园便是其中之一。

项目所在区域属于高密度开发老城区，西临池州市第二人民医院，南临秋浦西路，东临部队大院，北侧为新华书店宿舍区，红线内面积约3.5hm²。场地内水体为废弃护城河遗留水塘，是池州十条黑臭水体之一，周边大量散排污水汇入，北侧小区常年存在积水问题。场地被医院围栏、宿舍、违建等包围，与市政界面存在巨大高差，形成难以接近的初印象。

二、设计理念

更新改造力图保留地域面貌，修复城市裂痕，将破碎荒芜的"城市飞地"转变成可达性强、利用率高的"日常自然"，把消极空间活化成积极、有参与感的亲水开放空间；综合运用海绵城市、河道治理等手法，将黑臭水体与萧瑟驳岸改造成水质常年稳定在Ⅳ类水的人工湿地公园，以解决片区的雨洪管理问题。

1｜2　3　　图1 总平面图　　图2 LID分析图　　图3 水系统设计分析图

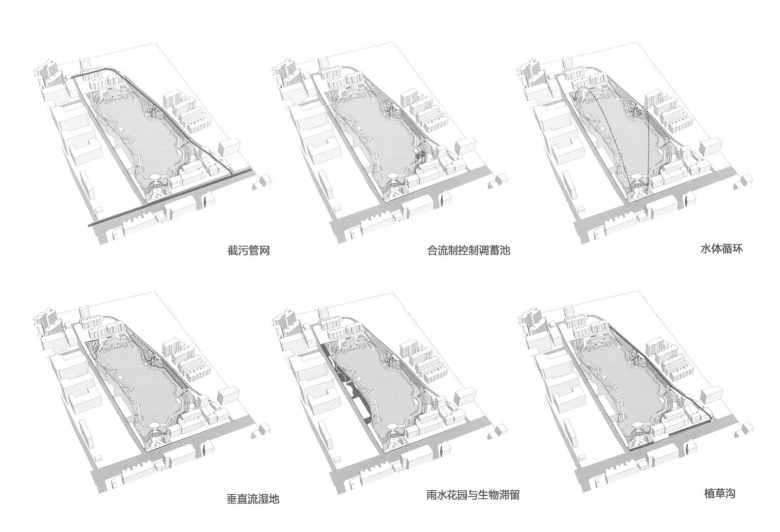

截污管网　　　　　　　合流制控制调蓄池　　　　　　水体循环

垂直流湿地　　　雨水花园与生物滞留　　　　植草沟

三、项目亮点

（1）从"城市飞地"到"日常自然"

设计于公园南侧打造了一个开放式公园主入口，使遗址公园敞开怀抱，拥抱城市。以点植乔木界定公园与城市的界限，logo景墙和座椅分置两侧，跌水台阶跳动的水花吸引市民沿阶而下，到达亲近水面的漂浮广场。

公园东侧空间狭窄，拆除违建后，结合台地设置公园的次入口，提高公园的可达性。景观台地形成一系列可以供人静坐、发呆的隐秘空间，并承担了雨水初步净化的功能。

公园北侧连接新华书店宿舍入口的亲水平台，增加了人与自然的亲近感。场地内延续周边居民"烟火气"的使用习惯，保留局部菜地，希望他们能够继续用自己喜欢的方式来使用这方场地。

挺水植物和绿岛形成公园西侧的绿色连接，亲水步道独立于驳岸之外，蜿蜒于植物中，与简约的平台、白色的廊架创造人工湿地的生态诗意。白色连廊在白天有丰富的光影变化，夜晚则成为水岸上的点睛之笔。偶尔有人在栈道平台垂钓，怡然自在。

（2）从"黑臭水体"到"亲水开放空间"

设计以全域视角对场地的水环境进行改造，统筹优化黑臭治理和海绵建设。通过"源头+中途+末端"的管控方式，统筹地上与地下空间，利用绿色措施辅助灰色措施解决雨洪管理问题。

首先，针对外围合流制溢流污染，通过截污工程、合流制溢流调蓄池建设，实现小区旱季污水直排。

其次，采取雨水花园、生物滞留带等设施，控制公园及外围地表客水径流。

再次，构建生态驳岸及水生态系统，在建设期对水体内动植物的种类和数量进行配比，形成湖体自净内循环系统，以保障湖体水质长期达到Ⅳ类水要求。

同时，建设泄水通道、盖板沟等排水设施，将周边雨水接入湖体进行调蓄，以满足周边30年一遇暴雨防涝要求，并解决北部小区的内涝问题。

场地内保留的水杉与新栽植物形成绿色屏障，将水体与嘈杂的市政界面隔离。漂浮于水面之上的环形步道贯穿整个水岸，晚饭后在公园里散步，身旁是清风蛙鸣，抬眼是星光点点，置身于自然里，步移景异，怡然自得。

池州护城河遗址公园的改造更新，有效恢复了湖体生境，提高了植物群落和动物多样性，该湿地已成为野鸭、白鹭等野生鸟类的重要栖息地，同时激发了老城区活力，为市区提供了生态教育场地，是一次非常有意义的生态尝试。

	4		7	8
5		6		9
				10

图4 漂浮于湖面的亲水步道
图5 跌水台阶衔接下方的漂浮广场
图6 游人在亲水步道上散步
图7 北侧入口亲水平台
图8 穿梭于林间的亲水步道
图9 生态、多元的公园环境
图10 衔接场地内外的次入口与景观台地

36 大理市环洱海流域湖滨缓冲带生态修复与湿地建设工程

项目名称：大理市环洱海流域湖滨缓冲带生态修复与湿地建设工程

设计单位：华东建筑设计研究院有限公司

上海现代建筑装饰环境设计研究院有限公司（景观专项院）

中水北方勘测设计研究有限责任公司

北京正和恒基滨水生态环境治理股份有限公司

建成时间：2021年6月

项目规模：898.34hm²

项目地点：大理洱海

项目类别：生态规划

设计团队：杨凌晨　邢　磊　郭英卓

摄　　影：崔旭峰

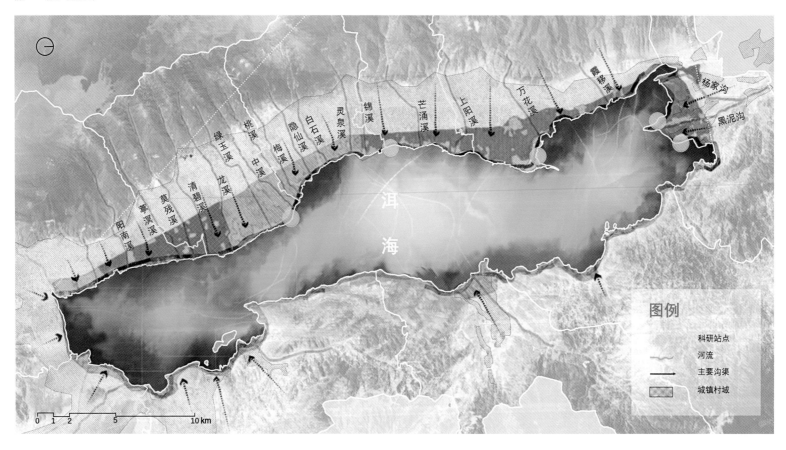

一、项目概况

洱海位于云南省大理白族自治州大理市，是云南省第二大高原湖泊。近年来，整个洱海面临着生态环境崩溃的风险。2018年底，大理市政府启动了环洱海湖滨缓冲带建设工程。项目环洱海全长约129km，总占地面积898.34hm²，投资97.91亿元，工程建安费约31.98亿元。通过历时三年的建设，洱海水质实现了"7个月Ⅱ类，5个月Ⅲ类"的提升，环湖生态环境也显著提高。

洱海模式被誉为高原湖泊治理典范，4次登上《人民日报》，多次登上央视新闻。大理市环洱海流域湖滨缓冲带生态修复与湿地建设工程2021年12月获得LA风景园林奖生态贡献奖，2022年6月获得国际景观大奖（LILA）基础设施奖，2022年8月获得国际风景园林师联合会（IFLA）"野生动物、生物多样性、栖息地保护修复"建成类优秀奖，2022年9月获得伦敦设计奖银奖。

二、设计理念

环洱海湖滨缓冲带建设主要研究、实践整个洱海湖滨缓冲

带生态恢复的技术模式。以水质净化技术为切入点，依靠自然的力量实施前瞻性生态治理，提高生态系统与社会经济系统的适应能力，是一项基于"保护+"的滨水景观生态实践。设计以基于自然的解决方案（Nature-based Solution，简称NbS）为最重要的指导方针，采用了包括核心保护、自然恢复、生态重建、辅助再生等方式，将原本被农田、客栈等侵占的海岸线修复成一个具有良好恢复力的可持续的缓冲区。

三、项目亮点

环洱海流域湖滨缓冲带建设作为洱海生态修复体系中的重要一环，其目标是构建洱海水陆交界带生态屏障，发挥生态环境保护及景观游憩的作用。

首先，坚持"人退湖进"的策略，通过生态搬迁、农田清退，为洱海滨湖带生态恢复提供生态空间。本次洱海生态搬迁拆除蓝线外侧15m范围内居民住宅，涉及1806户，清退蓝线外侧100m范围内农田，消除农业污染，加强生态修复。

其次，以水质提升与保护为核心，运用水质监测技术，以湿地出水水质为考核目标，引导整体湿地工程建设。

洱海湖滨生态缓冲带包含入湖河渠生态缓冲带、河口湿

地、雨水花园等重要功能单元。逐一测算环湖200多条入湖沟渠、18条主要河道的水质、水量。以入湖沟渠的入湖口附近的生态腹地构建生态缓冲带单元。通过计算确定湿地模块组织方式、各湿地模块的面积、对应填料以及净化植物配比。同时结合生态功效、景观效益、现场条件和运行维护要求，形成近自然适配的湿地净化模块。汇入沟渠的面源污染物通过入湖前的生态缓冲带单元进行净化。

再次，强调通过基于自然的解决方案实现净化，打造低投入、低干扰、低维护、高生态价值的生态缓冲带。模拟自然景观风貌，进行符合自然规律的人工干预。例如，考虑大理蒸发量高等自然气候条件，部分人工湿地选择采用以草坪形式为主的表流湿地，局部以深塘来保证湿地的运行。旱季，疏林草坪展现了本土的自然景观风貌，对局部的坑塘进行湿地净化；雨季，草坪表流湿地拦截初期雨水携带的大量农田面源污染，使生态廊道成为洱海的最后一道防线。对河口湿地实施修复，通过模拟自然的河口打开形式，以自然做功的方式，帮大自然恢复，让大自然自己去设计。

在满足水质净化需求的基础上，兼顾洱海本土湿地生态系统的恢复，促进生态演替，形成自养型、低维护的半演替稳定型生态系统。

最后，适度导入"人"的活动，开展生态科普活动，形成生态保护意识，在生态共生的格局下唤醒洱海的文旅价值。通过构建环湖的慢行系统、设置三级驿站布局体系、布置文化景观设施，形成低干扰的设施体系，营造令人产生认同感的地域景观，释放洱海的文化旅游价值。

3　$\frac{4}{5}$　图3 西城尾沟湿地　图4 景观步道　图5 村庄段修复对比图

2018年

设计构想

洱滨村

洱滨村

效果图

2020年

大沙河生态长廊景观工程

项目名称：大沙河生态长廊景观工程

设计单位：深圳园林股份有限公司　AECOM

建成时间：2020年1月

项目规模：13.7km

项目地点：广东省深圳市南山区

项目类别：生态规划

深圳园林团队：林有彪　彭章华　骆建文　陆远珍　李　巍　熊长根　李　松　廖宣昌　潘宣合　刘海媚　瞿　捷　黎斌斌　张　红　冯国冰　文新宇　张学财　朱丽倩　王利娜　陈晶莹　周玄霖　李祖锋

AECOM团队：李立人　吴　琨　沈同生　戴维·加拉赫（David Gallacher）　李　颐　顾为光　庄学能

深圳团队：罗锦斌　易可倩　胡睿珏　刘锡辉　梁　丽　邱晓祥　张　猛

上海团队：李　军　孙　璐　达　俏　潘万祥　祝冯敏　蒋　超

摄　　　影：陈卫国

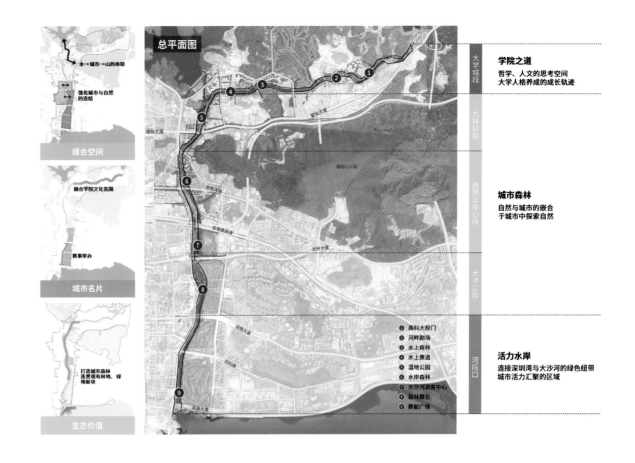

总平面图

学院段 | 学院之道
哲学、人文的思考空间
大学人格养成的成长轨迹

九祥岭段

西丽次中心段 | 城市森林
自然与城市的嵌合
于城市中探索自然

大冲公园

① 南科大校门
② 河畔剧场
③ 水上森林
④ 水上赛道
⑤ 湿地公园
⑥ 水岸森林
⑦ 大沙河游客中心
⑧ 森林舞台
⑨ 赛艇广场

河段口 | 活力水岸
连接深圳湾与大沙河的绿色纽带
城市活力汇聚的区域

水→城市→山的串联

强化城市与自然的连结

缝合空间

融合学院文化氛围

赛事举办

城市名片

打造城市森林
连贯现有林地、绿地板块

生态价值

1   2

图1 大沙河生态长廊景观工程
图2 总平面图

一、项目概况

深圳大沙河是传承着南山记忆的"母亲河",从长岭陂水库至深圳湾入海口全长13.7km,流域面积达91km²。通过再造滨水空间,促进城市活力与生态系统保护,重新建立人与水的关系,将大沙河转变为跟城市生活共同呼吸生长的流动风景,是项目的最终目标。

二、设计理念

重新定义山与水、水与城的关系,重新定义生态与景观的价值,缝合两岸开放空间,塑造独特的城市名片,营造多样的生物栖息地,将大沙河生态长廊定义为一条"时光之河",留住"乡愁",为都市人追求理想生活提供一个阳光、自然、亲水的公共空间。

三、项目亮点

期许一条代表深圳精神的河川,让河道重新回归城市生活。

以大沙河为主线,以"时光之河"为主题概念。根据地域特征将大沙河生态长廊分为"活力水岸""城市森林"和"学院之道"三大区。

活力水岸以"运动"为设计理念，采用流线型、现代化的设计打造以个性化建筑为背景的城市滨水空间，设置赛艇广场、动感步道等充满活力的活动空间。

活力赛艇中心引入水划艇活动，并将其植入国际划艇场地，为建设未来的国际城市打下基础。人们可以在美丽的大沙河畔感受国际范儿的赛艇文化，体验人与自然的和谐统一。

城市森林以"五感四态"为设计理念，营造湿地森林、水岸密林、山地森林、森林舞台等充满自然气息的空间。湿地森林段通过加宽的河岸步道将湿地公园与大沙河联系为一体，设计了九祥岭湿地公园、浮翠洲等景观节点，形成独具特色的公共城市水廊。九祥岭人工湿地面积约2hm²，对西丽再生水厂每天3万t的尾水（达一级A排放标准的再生水）进行处理，通过7个流程，采用折流设计，利用表流、潜流和垂直流等组合工艺，水利停留时间约6.2h，降低再生水的氮、磷、悬浮物含量和需氧量，最后补充入大沙河。

在水岸森林捕捉大自然的样子——森林的掌纹、森林的眼睛、森林的影子、森林的呼吸、森林的怀抱、森林的大脚等，营造鸟语林、鱼跃林、花香林等互动景观节点，让人们与自然亲密接触，尽情享受在河畔游玩的自由与快乐。

山地森林顺应山体的地形创造台地景观，将公园游客中心掩映于山林之间，通过跨河及建筑顶层的桥梁，将城市道路、河道与山体公园串联为一体，形成提供独特体验的滨水山地森林景观带。

学院之道（大学城段）是哲学与人文的思考空间，在这里能探寻到人格养成的轨迹，营造研理平台、嬉游草坪、湖畔剧场、阅读花园等充满人文气息的滨水空间。

纵观大沙河，东西畅连、南北贯通，整体为生态、自然、阳光、清新的生态空间，上层种植粉色系花乔，下层种植形态飘逸自然的观赏草，营造出多个有记忆点的绿化空间。结合两岸的都市特性，设计了丰富的河畔步道，运动型步道、滨水步道、挑空栈道、林间步道、野趣步道等，或供人奔跑，或供人漫步，或供人停留，伴着鸟语花香、婆娑树影，一切都充满了自然的乐趣。今日的大沙河又再次成为居民记忆中那个舒适宜人的滨河浪漫空间，与自然亲密交融的乐趣也逐渐回归至人们的生活。

3		5	
4		6	7

图3 活力赛艇中心　　图5 活力水岸　　图7 学院之道
图4 水上赛艇　　　　图6 山地森林

活力赛艇中心

动感步道

赛事看台

城市道路

大沙河公园

游客服务中心

艺术装置

阶梯看台

38 官塘国际会展小村

项目名称：官塘国际会展小村
设计单位：四川景虎景观设计有限公司
    四川华泰众城工程设计有限公司
建成时间：2021年
项目规模：500亩（核心区30亩）

项目地点：四川省成都市双流区
项目类别：生态规划
景观方案：龙　赟　郑　琢　刘良操
建筑方案：付安平　李庭熙
摄　　影：日野摄影　蒋礼芳

| 1 | 2 | 3 |
| | 4 | 5 |

图1 官塘小村鸟瞰
图2 稻田环绕的官塘小村
图3 高低错落的街巷夜景
图4 安麓酒店
图5 围堰而居的川西院子

一、项目概况

官塘国际会展小村位于成都市天府新区天府生态会展小镇，是西部博览城会展辐射的会展小镇核心启动区。项目面积约500亩，其中包含30亩核心建设区以及470亩农田保护区。基地原为成都双流官塘村一个中型聚居竹林盘。

官塘小村定位为国际会展小村，以川西林盘为基底，一方面展现川西传统民居风貌，记录林盘原乡文化底蕴；另一方面是西部博览城整体规划的重要部分，承担会展、接待和展览的功能。传统林盘在公园城市的新时代背景下，通过规划设计改造，融古承新，焕发了新的生命力。

官塘小村作为公园城市及林盘复兴的典型案例，获得2021金熊猫天府创意设计奖空间创意设计类（专业组）银奖、消费新场景设计特别奖，系成都市十大工程之一"川西林盘保护修复工程"的一部分。

二、设计理念

川西林盘是成都平原特有的复合型农村聚落单元，集生产、生活和生态于一体。在农田周边建造农家住宅，住宅周围为竹林、树木所围绕，最终构成了以林、水、宅、田为主要要素的川西林盘。

项目定位为"国际非遗小村，公园城市田园示范区，川西林盘建筑活体博物馆"，是新时代公园城市建设的乡村表达。规划思路是"内更新""外保护"。

原生林盘构成要素分为两个圈层：内圈层的宅院、林木、果园、道路、菜地、水溪关联着林盘功能转变，因此对内圈层内容做了与新定位功能匹配的更新改造；外圈层的稻田耕地、荷塘堰坝、山丘林地是保持林盘格局和风貌的骨架，原乡原味，为保证项目地域性和独特性，对外圈层骨架进行低影响设计，维持其乡村风貌及农业种植生产功能。

三、项目亮点

（1）对天府林盘复兴的一次有益尝试

随着城市发展，川西林盘赖以生存的人口、土地、社会发生流动或转变，迎来了需要价值转化的时期。2018年，

《成都市川西林盘保护修复工程实施方案》正式出台，目标是到2020年底，成都完成保护修复1000个川西林盘。官塘小村就是成都平原上保存着天府传统的需要转型更新的林盘之一。

（2）官塘的林盘特质

官塘小村为原乡原味丘陵群居林盘。林盘的五大元素"山、水、林、田、宅（基地）"格局完好地保留了下来。

（3）林盘印象的场景营建

理想中的乡村是什么样子的？

"九天开出一成都，万户千门入画图"，川西平原是四川最富饶的地域，像一幅辽阔的蜀锦画卷，展开于天地之间、雪山之下，林盘则是这天地间散布的精粹。大大小小的林盘，是川西平原特有的乡村景致。"山、水、林、田、宅"架构出人文与生活、诗意与远方。川西林盘作为一种独特的文化景观，具有丰富的美学价值、文化价值与生态价值。

"茂林修竹、岷江水润、美田弥望、蜀风雅韵"，理想林盘的印象是既原乡又朴雅。官塘小村外有水系环绕，村头、村尾的设计很重视画面感，形成了这个项目的经典画面。景点设计构建为三林盘、六雅趣、多节点。根据建筑形态风貌，分为

图6 原生竹林掩映的夯土木楼　　图8 安麓酒店鸟瞰
图7 山地街巷　　图9 老物件映射的林盘生活方式

三个组团，新的业态分别对应非遗文化院子、南野际商业街巷、安麓酒店。

宅里林盘——非遗文化院子

非遗文化院落内部由5个院子构成院落空间，背山面田，围塘而居，林盘外围有水渠经流。这是丘陵林盘宅院布局的特征。

非遗院落中打造了荣窑博物馆、古窑夜宴、蜀锦博物馆、八珍楼、鹡鸰等几大非遗聚落，传承非遗文化。这些院落遵循川西民居的制式，以一个个天井、院落、室内展厅空间作为非遗文化展示传承的载体。水缸、条几、花缸、抱鼓石、柱础、石雕等从各地搜寻来的老物件被精心放置于这些展示院落中，成为林盘生产生活的缩影。

木上林盘——南野际商业街巷

高低错落的商业街巷沿山势布局，因此想要去街区化，更想要一个林木掩映中的建筑组团。林盘特质中最典型的风貌——林宅相融，以及以前老时代赶场这样的生活场景在这里呈现。

草间林盘——安麓酒店

林盘的特质本就是外紧内放，远看是茂林葱郁，隐逸修行，而置身其中确实别有天地，蜀风朴雅。

草间林盘引入了西南首家安麓酒店，该酒店是乡村野奢度假代表品牌酒店。

这个区域有着项目最为集中和完整的原生竹林群落。设计意图保留自然竹林的隐逸，与夯土茅草建筑形成对比，呈现茂林修竹、守拙归园的乡村特质。

（4）四季官塘

进行官塘小村470亩农田景观的农业种植专项规划。按田地性质分类，有精品大田和原生态小田。按农业生产规律和大田景观效果，春夏秋冬四个季节的农作物要体现农时农事——春季是油菜花田，夏季荷塘有荷花盛开，秋季水稻收获，冬季田地修养生息。

39 广阳岛生态修复EPC工程

项目名称：广阳岛生态修复EPC工程
设计单位：中国建筑设计研究院有限公司生态景观院
建成时间：2022年9月
项目规模：600hm²
项目地点：中国重庆市南岸区
项目类别：生态修复类规划设计

设计团队：赵文斌 朱燕辉 张景华 李秋晨 王洪涛 颜玉璞 贺 敏 李晓东 徐树杰 陈素波
刘 环 谭 喆 王 龙 管婕娅 杨 陈 王振杰 崔叶亮 税嘉陵 王 婧 焦英哲
刘宇婷 任佰强 何 亮 何显峰 冯凌志 齐石茗月 彭英豪 王梓桐 孔维一
范思思 苗哺雨 孙雅琳 沈 楠 刘丹宁 张桂媛 孟 语 左 佳 徐 瑞 熊 杰
董荣进 刘元超 常广隶 崔剑飞 刘志浩 赵晓明 石世娟 张 杰 李庆娟 向曼玉
雷洪强 姜云飞 等
摄 影：中国建筑设计研究院设计团队

一、项目概况

广阳岛是长江上游最大的江心岛，大开发前，这里曾经是生物多样性丰富、生态资源优质的巴渝绿岛。步入大开发时期，城市建设不断推进，岛内原住民迁出，原始山林野化，水系、农耕肌理退化。设计强调尊重自然本底与生态过程，重视巴渝本土文明与原乡风景营建，在生态修复的过程中最大化保留生态过程的完整性，展现巴渝原乡文明的原真性。如今，这座岛历经蝶变，还原了本真自然的原乡野境，提升了风景服务于居民的功能，成为长江大河文明沿线上绿色发展的示范引领之地。

二、设计理念

广阳岛生态修复规划设计遵循广阳岛陆桥岛自然生态系统内在机理和演替规律，创新应用"护山、理水、营林、疏田、清湖、丰草"及"润土"策略，集成创新生态领域成熟、成套、低成本的技术、产品、材料、工法，融合生态设施、绿色建筑，精心打造"长江风景眼、重庆生态岛"，生动表达山水林田湖草生命共同体，建设以生态为魂、以风景为象，人与自然和谐共生的最优价值生命共同体。

三、项目亮点

（1）保护为主，促进生态修复与生态管理

坚持以保护优先、自然恢复为主的方针，划定山林保育范围，保护原生山体、滩涂，同时采用理水、营林、疏田、清湖为主的策略，分类分项保护林、水、田、草等生态要素，优化生态资源配置，应用乡野化理论，优化生境结构，以实现生物多样性、栖息地和食物链的整体保护与提升。

经过近四年的自然恢复和生态修复，全岛自然恢复面积达67%，植物恢复到500余种，植被覆盖率达90%以上，丰富的食物链、多样的栖息地，吸引了300余种动物，新发现国家一级重点保护野生动物中华秋沙鸭、黑鹳、乌雕、黄胸鹀等。

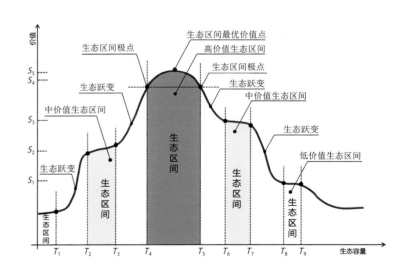

1

2
―
3

图1 总平面图
图2 最优生命共同体
图3 生命共同体的生态区间图

（2）基于本底生态要素，重塑人与自然的关系

理水：模拟全岛地表径流方式，划分雨水分区，提取现状蓄水区域和潜在蓄水区域，恢复因大开发而被切割的水脉，再现自然水文循环过程，恢复全岛"九湖十八溪"的水脉结构，综合应用水资源水生态水环境技术，还原岛内雨水自然积存、自然渗透、自然净化的能力。

营林：调查了解岛内植物主要类型与分布特征，分析营林潜力空间，按照地带性植被分类，保护远身林地斑块，梳理近身空间，补充常绿植物和色叶植物，形成独树成景、片林成景、片色成景的森林格局。

疏田：梳理岛内农田结构布局，再现原有水田和小尺度梯田的肌理结构和生态条件，并结合"上田下库+智慧灌溉"现代农业储水、灌溉等技术，恢复部分原有水稻、油菜花、柑橘、向日葵等农作物的种植，形成生态循环的农业模式。

清湖：按照自然积存、自然渗透、自然净化的理念，利用低洼地，收集雨水，清理池底，修复岸线，结合沉水、浮水、挺水、湿生、岸生乡土植物，应用人工净化、原位治理、驳岸构建等关键技术，解决水生态、水环境等难点问题，达成水清湖澈的修复目标。

丰草：针对广阳岛草地"湿地丰茂、坡岸杂乱、坪坝斑驳"的本底条件，采取"适地适草、坡岸织草、平坝覆草"三项措施丰草。对高程175m以下的兔儿坪湿地和消落带湿地进行整体保护；对高程175～183m的部分，按照自然恢复的方式，人工帮扶巴茅、白茅、芦苇等乡土草本；对高程183～190m的坡岸和环山脚区域，结合现状林木插空织草，留出适宜的透景线；恢复东岛头原农场的草场风貌，实现草绿修复目标。

4
5
6	7
8

图4 示范地理水　图6 好大一块田　图8 丰草

图5 山地营林　图7 清湖

（3）延续原乡文化记忆，践行还岛于民的理念

植根巴渝文化，传承山地人居智慧，保护遗址环境，恢复原乡院坝，延续农场基因，以巴渝人民喜闻乐见的生活场景串联岛内文化记忆线索。如今，岛上可策划多项市民钟爱的活动，举办原乡节事，联合重庆马拉松举办环岛马拉松比赛，赏油菜花和粉黛草，同时提供巴士服务，将游客送达多个主题服务驿站。这座岛成为辽阔新区备受人民喜爱、承载市民欢声笑语的江中绿舟，为重庆市民提供了更加美好的乡野生态体验。

山环水绕、江峡相拥。经过近四年的自然恢复和生态修复，广阳岛已经实现还岛于民，变身为城市功能新名片。不仅修复了受到破坏的尾矿坑、边坡、湖塘、梯田、林地，而且提供了多样生物栖息地，生物多样性日趋丰富。同时，通过"生态+"发展模式，广阳岛正在片区内外转化为由大生态、大数据、大健康、大文旅、新经济等"生态产业群"构成的绿色资产，这座岛承载着长江生态保护展示、大河文明国际交流、巴渝文化传承创新、生态环保智慧应用等功能，助推长江经济带的可持续繁荣，奏出一曲悠扬的生态变奏曲。

图9　广阳岛节事活动
图10　广阳岛粉黛草观赏季节
图11　广阳岛市民活动
图12　江峡相拥的自然环境
图13　广阳岛全景鸟瞰

40

合肥空港国际小镇水生态系统综合规划

项目名称：合肥空港国际小镇水生态系统综合规划

设计单位：德国汉诺威水有限公司（Wasser Hannover GmbH）
安徽省建筑设计研究总院股份有限公司
合肥市规划设计研究院

规划完成时间：2020年4月

项目规模：规划范围约12.5km²，研究范围约19.7km²集水区

项目地点：合肥市经开区空港国际小镇

项目类别：生态规划

设计团队：彭赤焰　拉尔夫·迪克曼（Ralf Diekmann）　杨昶　刘苑
朱利民　杨海鹏　李洪浩　　彦斯·梅瑟尔（Jens Meisel）
乌雅·克劳斯（Uwe Klaus）　　安德瑞亚斯·坦根（Andreas Tangen）
马汀·威格纳（Martin Wegner）　欧力威·赛德（Oliver Seidel）
提姆·摩尔（Tim Mohr）　　马特亚斯·舒策（Matthias Schulze）
卢兹·艾维斯（Lutz Evers）　唐淑甜　董义雷　杜建康　章衍
黄永伟　周玉生

主创设计：德国汉诺威水有限公司

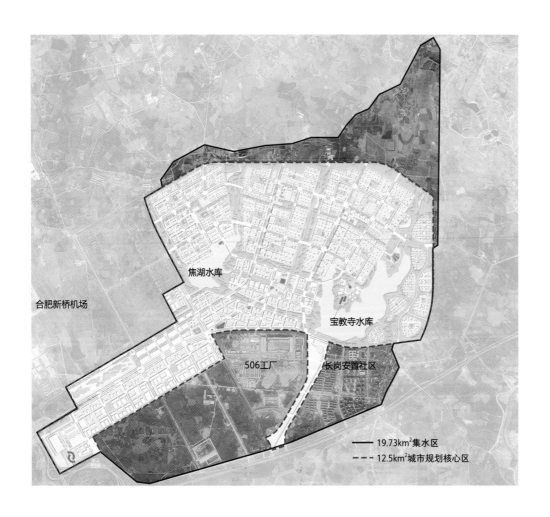

19.73km²集水区
12.5km²城市规划核心区

合肥新桥机场
焦湖水库
宝教寺水库
506工厂
长岗安置社区

一、项目概况

空港国际小镇所处的合肥空港科技产业新城，属合肥三大产业核心增长极之一。计划在未来15年，建成国际化合作园区、生态型小镇。

项目占地约12.5km²，毗邻合肥新桥国际机场。地处江淮分水岭，全区岗冲相间，目前基本为农田。宝教寺湖、焦湖、宝教寺支流、焦湖支流为区域核心水系。规划需结合开发时序，通过场地现状及相关上位规划分析，依据6个数学模型科学制定规划目标，针对6个专题进行深入研究，系统构建综合生态水系统，编制包括5个专项规划〔海绵城市专项规划、城市

1
2
3

图1　水生态系统综合规划范围
图2　水生态系统综合规划总平面图
图3　规划挑战和目标

排水（雨水）专项规划、水系专项规划、水质保障及水资源平衡专项规划、城市生态水景观专项规划〕在内的《合肥空港国际小镇水生态系统综合规划（2019—2030）》。

二、设计理念

利用新城建设机遇，构建全新的整体城市水系统。结合城市规划布局，保持和优化完整的生态系统。充分利用项目地的地形地势，采用自然方式就地实现水净化和水平衡，根据不同降雨强度和污染程度设置雨水分流路径。污染雨水经调蓄、净化后，最终缓慢补充进入湖体。实现城市水系统的多系统整合，制定新的雨水排水、水系、水质保障及水资源平衡、城市水景观全方位规划；建立管网、河道、水质等数学模型，模拟验证规划方案，形成一体化流域性水系统综合规划方案，以对蓝、绿和灰基础设施统一进行规划和优化。最终实现水城一体，围绕人的需求（舒适、安全、文化、历史、休闲等），将其与周边景观建筑设计相结合，进行高端经济开发。

三、项目亮点

（1）全新、全流域生态水系统构建及水力联系

系统整合雨水、地下水、河湖水，同步规划大、中、小多级海绵体系，强化下渗、净化、滞蓄，实现从小区到全流域的雨水综合控制。

（2）创新清洁雨水系统

全流域内实现初期雨水蓄留和渗透净化，通过独立的清洁雨水管网系统回补湖泊。排水管网系统主要收集非清洁雨水，并转输至下游生态滤池净化。除清洁雨水外，湖泊仅接受净化后的特大暴雨溢流。

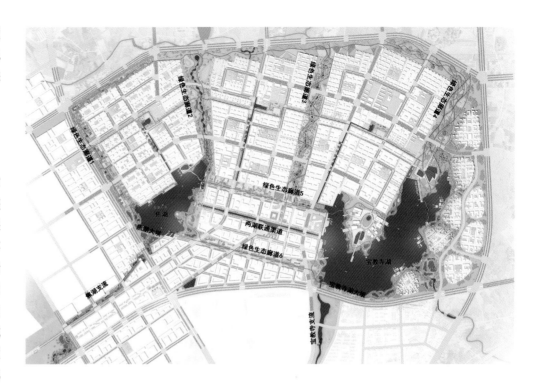

| 水安全 | 水环境 | 水资源 | 水生态 | 水景观 |

挑战

内涝风险
避免传统雨水排水方式导致内涝

水质差
避免水环境因城市开发而变差

水平衡
雨水未被利用，下游生态基流不足

生态环境差
避免城市开发造成生态环境破坏

景观效果差
水体景观效果差，周边绿地景观割裂、缺少联系

目标

提高防洪防涝级别
减少地面雨水形成径流的时间
区域内涝治理标准；
地下雨水管网设计暴雨重现期：3年一遇
区域内涝防治标准：50年一遇
区域防洪标准：100年一遇
宝教寺水库大坝防洪标准：50年一遇设计
（500年一遇校核）
焦湖水库大坝防洪标准：20年一遇设计
（200年一遇校核）

清洁水质
河道地表四类水质标准
湖体地表三类水质标准

水资源综合利用
提升水体自然调蓄及自然补水能力，达到水资源平衡

生态多样化
提高生物多样性，增强水体自净能力

提高亲水景观性
结合绿地景观打造适宜的水环境空间，提高亲水性

（3）完善综合防涝体系

将生态廊道、雨水调蓄设施、超标雨水行泄通道有机结合。调整竖向规划，保证从小区雨水收集、调蓄及处理设施，到地下排水管网、溢流控制设施、生态滤池等设施的全流程竖向控制。

（4）多模型模拟计算耦合

多专业整合，多专题研究，为各专项规划提供支撑。

（5）可持续发展

可持续性发展的城市公共空间与水系、绿色生态廊道的深度结合，将水处理功能与亲水休闲娱乐、运动功能融合，创造独特的生态水景观，提升新建城区居民生活品质，实现"生态融城，与水共生"的美好愿景。

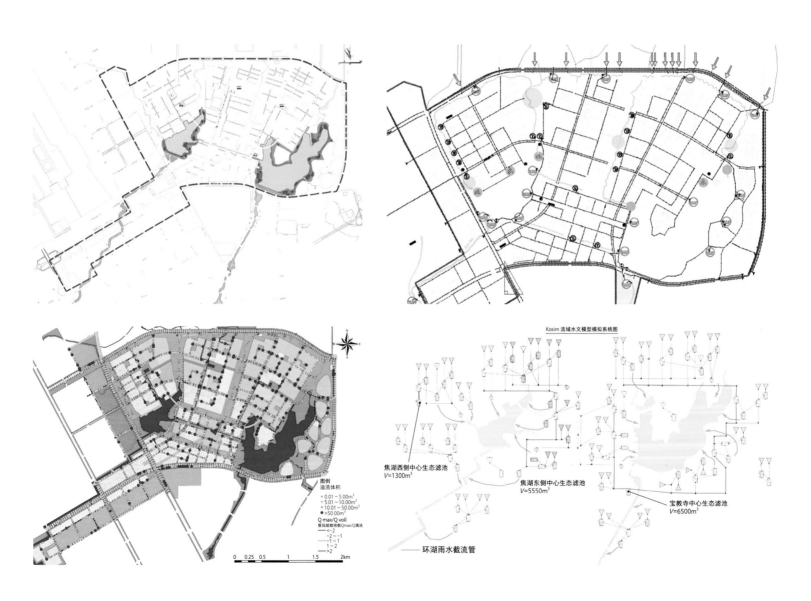

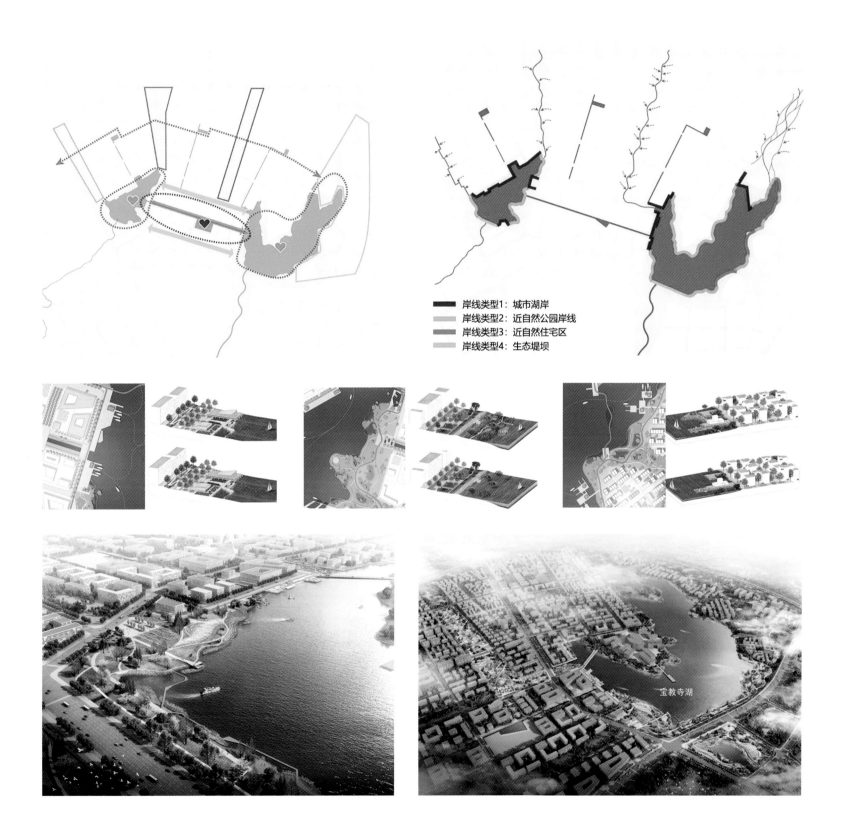

岸线类型1：城市湖岸
岸线类型2：近自然公园岸线
岸线类型3：近自然住宅区
岸线类型4：生态堤坝

玉教寺湖

41

秦岭国家植物园田峪河湿地公园

项目名称：秦岭国家植物园田峪河湿地公园

设计单位：阿普贝思（北京）建筑景观设计咨询有限公司

建成时间：2017年

项目规模：60.45hm²

项目地点：陕西省西安市

项目类别：景观设计

摄　　影：北京三乘二文化传播有限公司高文仲　谭唯一

一、项目概况

秦岭国家植物园是世界上规模最大、植被分带最清晰、最具自然风貌的特大型综合植物园，也是中国第一个国家级植物园。项目位于秦岭国家植物园北部植物迁地保护区内，田峪河平原段东侧，秦岭山地北侧，用地红线面积为60.45hm²。

昔日的七十二峪之一田峪湿地的水系丰润，但在2016年以前人为原因致使生境荒芜恶化，鲜有人问津。场地存在以下主要问题：

一是场地内不同性质的建设用地和交通干道将其穿越割裂，东侧区域殿镇村因耕作占地和行为干预，给湿地恢复、保护带来直接挑战。

二是田峪河常水位低，东岸修筑的防洪河堤对基地汇水造成阻隔。

三是场地存在苗圃、林地、果园、耕地及大片荒草地，由于多年的农业生产和耕种停滞，场地严重退化，荒废衰败，急需人工干预。

二、设计理念

项目以建立弹性海绵式湿地保护公园为目标，合理控制土方开挖，最大限度利用现有农田灌溉用水，对地表径流进行收纳存蓄；应用可再生资源，响应低碳环保政策；科学规划植物系统，构建湿地水文新体系。

对项目基地进行调研与分析后，归纳总结出四项景观策略以统领项目发展。

整合：对场地的交通和用地进行再规划，减少非必要的阻隔性车行道路，用水、林等软性边界消融确定出让的建设用地。

梳理：本着局部改造、部分重建、系统整理和全园连通的原则，从地形系统、水网系统、边界系统、植被系统、游赏系统等方面进行分层式梳理。

恢复：人工修复，引入针对性生态体治理策略与相应措施，形成多类湿地生境。就地取材，循环利用，倡导地域特色与环境友好。

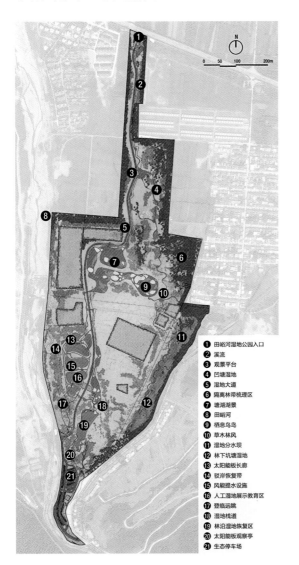

① 田峪河湿地公园入口
② 溪流
③ 观景平台
④ 凹塘湿地
⑤ 湿地大道
⑥ 隔离林带梳理区
⑦ 塘湖湖景
⑧ 田峪河
⑨ 栖息鸟岛
⑩ 草木林风
⑪ 湿地分水坝
⑫ 林下坑塘湿地
⑬ 太阳能板长廊
⑭ 驳岸恢复带
⑮ 风能提水设施
⑯ 人工湿地展示教育区
⑰ 登临远眺
⑱ 湿地栈道
⑲ 林沿湿地恢复区
⑳ 太阳能板观察亭
㉑ 生态停车场

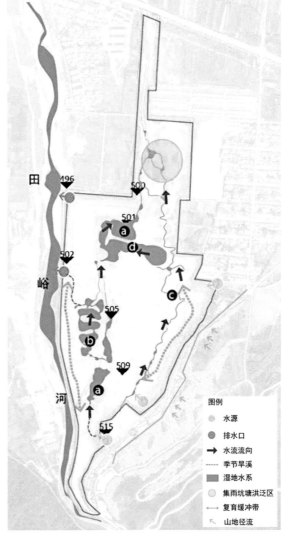

1   2 | 3

图1 生态宜人的湿地风景
图2 总平面图
图3 水系统设计分析图

图例
● 水源
● 排水口
→ 水流流向
---- 季节旱溪
▓ 湿地水系
○ 集雨坑塘洪泛区
↔ 复育缓冲带
↖ 山地径流

保护：采用生态圈层保护模式，根据风景敏感度划定不同分区，限制人为活动，建立监测与管理机制。

通过以上策略能够更多地让自然做主，引导湿地逐渐恢复自循环、自演替。整合场地内外交通及用地，采用低频维护和自然管控结合的低影响开发模式，使多方共赢。

三、项目亮点

（1）具备雨洪净化功能的弹性湿地

根据地表径流数据和现状水网地形分布，采用疏导、滞纳、聚集等策略，形成永久性、半永久性和季节性三级淹没状态，设计湖塘水泡、雨水旱溪、灌渠湿地、集雨洼地和生态岛屿，汇集、净化周边地带雨洪径流，以完善湿地水环境体系。

（2）低投入、低维护、低成本的低碳生态

田峪河防洪堤岸筑造工程开挖了数以吨计的卵石。全面贯彻循环再生的理念，对形态自然且富有场所记忆的原生卵石，在公园的护坡驳岸、游憩场地、小径、挡墙等多处设计中进行应用。同时，遵循生态优先与低维护原则，结合自衍性、抗性、适宜性较强的乡土植物，在环境敏感度较低处设置便捷的绿道、景廊、瞭望平台等景观要素。

（3）动植物的栖息家园

敏感度最高的两块湿地的自然过程干扰度最低，野生植物品种相对丰富。设计重视如鱼类、鸟类、蜻蜓、萤火虫等生物的栖息地保育，秦岭四大特色动物之一朱鹮亦能栖居于此。

（4）人与自然的对话

水绿相依的自然天地提供了休闲游憩、科普教育、有清洁能源的美好环境，游人可以清晰地感受干季的浅枯滩地之景和湿季的洪泛湖面，人类活动与湿地自然良性互动。

项目利用一系列生态设计手法，重塑秦岭山地、田峪河、湿地三者的友好联系。采用资金、资源双重低投入的方式，以60元/m²左右的超低造价，打造一个实用、生态、广受欢迎的湿地公园。2018年正式对外开放以来，田峪河湿地持续履行着将科教、人文和美学价值传递给大众的多重使命，有巨大的潜在价值和生态效益。

4	5		8	9
6	7		10	11
		12		

图4 湖塘水泡

图5 灌渠湿地

图6 雨水旱溪

图7 生态岛屿湿地

图8 就地取材的生态石笼logo墙

图9 太阳能景观廊架

图10 融于自然的村民

图11 游赏于湿地中的游人

图12 原有河滩石再利用为步道

42

清远飞来峡海绵公园

项目名称：清远飞来峡海绵公园

设计单位：广州怡境规划设计有限公司

建成时间：2018年12月13日

项目规模：21000m²

项目地点：广东省清远市飞来峡水利枢纽管理区内

项目类别：生态规划

设计团队：阎邱杰 彭 涛 张 坚 林容寿 曹景怡 周广森 关晓芬
          蔡伟群 崔文娟 陆少林 何广宇 谢佛森 付绍斌

主　　创：阎邱杰 彭 涛

方　　案：曹景怡 周广森 关晓芬 蔡伟群 崔文娟

施 工 图：张 坚 林容寿 何广宇

植　　物：陆少林

水　　电：谢佛森 付绍斌

摄　　影：金锋哲（锋哲映像）

❶ 潜流湿地
❷ 雨水湿地
❸ 碎石缓冲带
❹ 湿塘
❺ 雨水花园
❻ 生态砾石渠
❼ 生态浮床
❽ 生态驳岸
❾ 植被缓冲带
❿ 景观栈道

竣工三年后，2021年航空拍摄

1　　2

图1 从概念到实施落地

图2 生态化雨、污水处理系统

一、项目概况

　　飞来峡海绵公园是广东省水利试验基地内一个中心湖区的改造项目，处于城市基础设施较为薄弱的区域，周边没有污水处理厂，基地的生活污水只能在经简单的二级化粪池处理后直接排入中心湖，导致水质逐年恶化。改造前，湖水的水质为劣V类，水生态系统遭受破坏，周边的人居环境也相对糟糕，因此基地亟须开发成本低、便捷的污水处理技术，解决基地的日常生活污水排放问题，并对心湖的生态环境进行修复，恢复心湖的水质和生态系统，提升人居环境。

二、设计理念

　　项目提出了"多功能海绵景观"的概念，即具备雨水管理功能、污水处理功能、生态修复功能、景观功能以及示范功能。打破传统单一的海绵技术与水利学、生态学和景观学的屏障，融会贯通地解决基地的雨水、污水和生态问题，进行系统性的海绵城市建设，达到85%的年径流总量控制率和60%的径流污染控制率。同时，设计希望创造一个亲切宁静、自然生态的户外活动空间。

三、项目亮点

（1）低成本、高效能的生态化雨、污水处理系统

根据海绵设施净化效率、建设和维护成本，在场地中设计了两个系统：污水管理系统和雨水管理系统。污水管理系统串联了潜流湿地、表流湿地、湿塘、生态浮床4种海绵设施，雨水管理系统则由植被缓冲带、生态碎石渠、透水铺装、雨水花园、人工湿地、湿塘等海绵设施组成，这两个系统是相辅相成的耦合关系，雨水可以进入污水系统参与水质净化，污水处理后则可以作为补充水源进入雨水管理系统，二者共同作用，构建健康的生态系统。

（2）生态海绵景观

为了进一步提升园区内的人居环境，园区内做了许多景观化和艺术化的改造设计，巧妙利用8m的高差设计了台地式的潜流湿地，通过竖向空间的拓展，实现雨污水的净化，营造层次丰富的湿地景观。除此之外还增设亲水栈道、远眺台、阳光草坡等景观功能，实现海绵城市与景观的深度结合。

生态碎石渠内的碎石取自本地采石场，两侧种满本地观赏草，形成与本地水文风貌相互呼应的景观。

原来裸露的雨水排水口结合本地花岗岩和丰富的植被，成为潺潺幽静的跌级水景，在净化滞留雨水的同时形成一处幽静的花园角落，彰显岭南园林之美。

设计亲水栈桥和观景台与湿地景观相互呼应，设计低堰与水中步道相结合，提供舒适的游览体验。

蜿蜒曲折的岸线、草坡入水的软质驳岸、岸边的水生植被、天蓝色的游船和船桨，共同营造了如诗如画的世外桃源，带来了良好的生态效益。

园区内使用了120余种低维护的乡土植物，为动物提供了适宜的栖息地，丰富了生物多样性，同时巧妙地利用了乡土植物的选型特征和生长习性，以不同的植物组团设计移步易景的景观花镜，表达自然生态的景观意境。

飞来峡海绵公园优化了基地的生态系统，将原本生态恶劣的污水塘改变成集休憩、观赏、生态、科普功能于一体的海绵公园，通过一系列技术手段进行了水生态维护、水环境改善、水污染控制，完整地向社会人士、校园学生、专业同行展示了从收集传输到储存净化的雨水管理全过程，加强了公众的生态意识，同时优化了景观，恢复了场地的生物多样性，营造了人与自然和谐共处的生态环境。

43 四川遂宁南滨江城市走廊

项目名称：四川遂宁南滨江城市走廊

设计单位：易兰规划设计院

　　　　　四川省建筑设计研究院有限公司

建成时间：2019年6月

项目规模：130万m²

项目地点：四川省遂宁市

项目类别：生态规划

设计团队：陈跃中　莫　晓　唐艳红　田维民　杨源鑫　张金玲　李　硕

　　　　　胡晓丹　陈廷干　高　静　赵　华　陈　利　等

摄　　影：河狸景观摄影　目外摄影

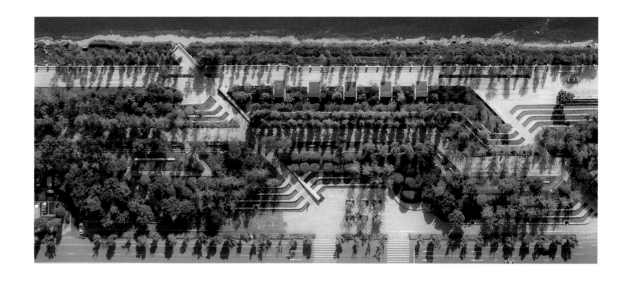

一、项目概况

遂宁南滨江城市走廊项目位于四川省遂宁市，全长约9km，总面积130hm²。一期目前已建成开放区域，全长4km，将遂宁滨江带分为生态休闲绿道与城市活力段两个区域。市政府希望通过滨江南路景观带的设计与建设，为遂宁打造一张美丽的城市名片，使南滨江城市走廊开放共享、高参与性的滨水公共空间满足不同人群的活动需求，为市民滨水休憩提供去处。

完成后的项目已成为联系城市的纽带，对接整个城市的绿色廊道和活动空间，受到国内外同行的一致认可，获得美国景观设计师协会（ASLA）2021综合设计类荣誉奖、城市土地学会（ULI）亚太区卓越奖、国际风景园林师联合会（IFLA）基础设施类杰出奖、世界建筑节（WAF）最佳自然景观奖等国际荣誉。

二、设计理念

基于城市河流从传统交通运输功能向生态与休闲功能的转变，分析城市滨水空间在生态系统与公共空间两个层面的价值与面临的挑战。设计对遂宁南滨江城市走廊提出"一个慢行系统、两个景观界面、多通廊多入口"的规划设计策略，通过设计重新定义被混凝土堤坝与城市道路割裂的城市公共空间，营造充满活力的滨水公共空间。

三、项目亮点

（1）着眼全局打造绿色慢行网络，内外兼修

场地最初是一个被人们忽略的沿江大坝带状地，几乎不被市民所用。项目在尊重原有河岸及河堤路的基础上，增加了贯穿整个河岸线的慢行系统、健身步道及配套休闲设施，着重打造了滨水休闲界面和滨江路城市景观界面，最终交融成充满活力的城市滨水空间。

（2）低影响开发理念营造景观环境，因地制宜

设计秉持低影响开发的理念，在沿城市界面的河堤反坡上，因势利导地利用原有地形塑造富于观赏性的台地花园。梯台景观与路径上的台阶精致地组合成一体，依坡就势保留场地

中的植物群落，合理地组织地表雨水，层层浇灌，沿途利用跌落水口造景并通过在人行道铺装上设计精巧的细沟，把过剩的雨水最终导流进街边的绿化带。这个设计把整个步行街组织成一个雨水管理的展示花园，收集和利用降水径流，把自然生态的理念与精致的设计细节有机结合为一体。

（3）结合现状合理分区，将整个滨江公园分为城市活力段、休闲商业段和生态湿地段

在城市活力段，城市界面对应周边居住生活用地。在城市道路与滨江堤路之间，增设多个连接通道，引导城市居民便捷地到达水边游赏。

在休闲商业段，利用改拆原有商业建筑腾出的建筑指标，增设休闲服务建筑，形成一定的空间围合度，聚集人气，提供服务，方便市民，在绿地空间中营造出一处供人们交流和享受生活服务的场所。

在生态湿地段，优化原有的低洼坑塘，调蓄水位，保留原生湿地结构，以最少的人为干预，实现低成本的修复。

项目一期落地，展现出设计用现代手法演绎自然环境与人文传统的理念追求，实现了政府和市民所期望的打造"城市客厅、游憩中心、生态腹地"的环境目标，为遂宁的市民提供了一个理想的休闲去处。

5 | 6 　 7 | 8 　 图5 城市街景界面的口袋公园 　 图7 契合市民生活需求 　 图9 亲水栈道和掩映在丛林中的眺望亭
　　　 9 　 图6 江景露台 　 图8 休闲廊架

44 屯梓河碧道建设工程设计

项 目 名 称：屯梓河碧道建设工程设计　　　　　　　项 目 经 理：于远燕

设 计 单 位：深圳市水务规划设计院股份有限公司　　方 案 设 计：胡吕杰　举　白　朱嘉琳　廖远城　李　婷

建 成 时 间：建设中　　　　　　　　　　　　　　　建 筑 设 计：尹　清

项 目 规 模：河道长度2.86km，碧道长度6.2km，设计面积39.6hm²（含水域）　施工图设计：邱易成　举　白　廖远城

项 目 地 点：广东省深圳市龙岗区　　　　　　　　　生 态 设 计：刘谢驿

项 目 类 别：生态规划　　　　　　　　　　　　　　植 物 设 计：李军辉

项目总指导：朱闻博　　　　　　　　　　　　　　　水 工 设 计：何慧彬　魏祥富　邹　振

设 计 团 队：徐　抖　唐　炜　于远燕　黄伟胜　陈训飞　胡吕杰　邱易成　　湿地工艺（给排水）：何慧彬

　　　　　　李军辉　刘谢驿　举　白　尹　清　朱嘉琳　廖远城　何慧彬　　电 气 设 计：杨略晓

　　　　　　罗　俊　魏祥富　杨略晓　邹　振　李　婷　　　　　　　　　结 构 设 计：罗　俊　魏祥富

主 创 设 计：徐　抖　黄伟胜　陈训飞　　　　　　　摄　　　　影：徐　抖

专业副总工：唐　炜

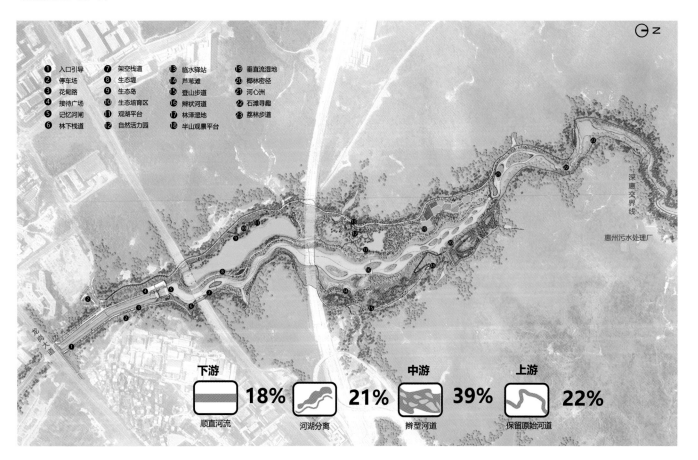

① 入口引导　　⑦ 架空栈道　　⑬ 临水驿站　　⑲ 垂直流湿地
② 停车场　　　⑧ 生态堤　　　⑭ 芦苇滩　　　⑳ 椰林密径
③ 花甸路　　　⑨ 生态岛　　　⑮ 登山步道　　㉑ 河心洲
④ 接待广场　　⑩ 生态培育区　⑯ 辫状河道　　㉒ 石滩寻趣
⑤ 记忆河闸　　⑪ 观湖平台　　⑰ 林泽湿地　　㉓ 荔林步道
⑥ 林下栈道　　⑫ 自然活力园　⑱ 半山观景平台

下游　顺直河流 18%　河湖分离 21%　中游 辫型河道 39%　上游 保留原始河道 22%

一、项目概况

屯梓河属于深圳市龙岗区，为深惠交界河流，设计范围为龙岗大道至深惠交界处，河道长度2.86km，随着上游惠州侧工业的发展，昔日的水库变成了承接上游污水的纳污湖。本次改造以水质保障为核心，以生态修复、营造及多重体验为重点，积极探索水利、生态、景观等多专业共融协作的新模式。

二、设计理念

项目围绕一个核心、两个重点和多重体验开展设计。

一个核心：以水质保障为核心。通过定期检测，发现惠州侧来水存在不达标劣Ⅴ类水。河道内底泥淤积严重，经检测，底泥重金属超标。项目通过建设垂直流人工湿地、生态隔堤，构建河流水质保障系统、湖泊水质保障系统和湿地水质保障系统，形成组合型湿地体系，确保碧道水质达标。

重点一：生态修复与生境营造。项目位于生态控制范围内，毗邻生态保护底限区。方案坚持保护与治理并重，优先保护，适度干预，恢复生境。通过生态护岸设置摆石凹岸、木桩护岸、河石倒木、沟谷、回水湾等，形成多样的活岸线系统，营造深潭、浅滩、岛屿、沙洲等多样生境。

重点二：多重生态游径营造。结合周边资源，营造多重生态体验游径——6km环状游径、5km环线登山径、3km治水科普游径、2km自然教育半日游径，不同游径体验不同。

1
2
3
4

图1 总平面图
图2 "四六分水"系统图
图3 "二八分水"系统图
图4 活岸线修复平面布置图

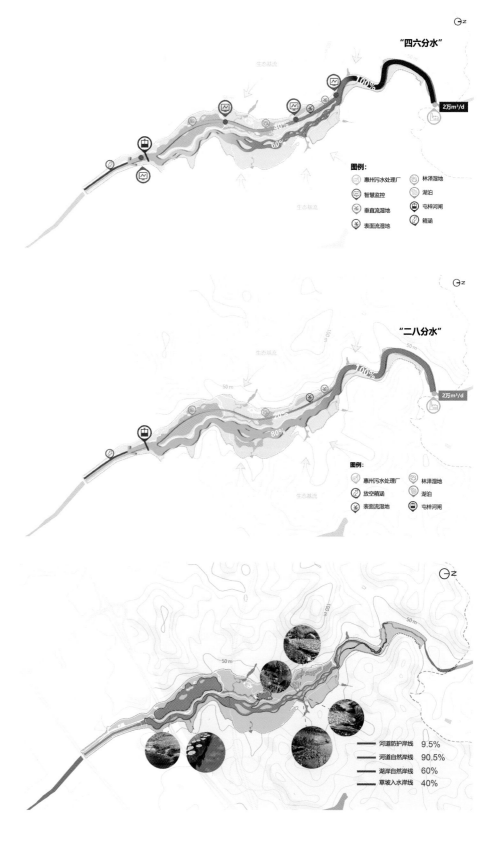

三、项目亮点

采用低干预、低维护的设计建造模式，在改善生态环境的同时植入自然体验设施，让昔日的纳污湖重现生机，重回大众视野。

创新点一：智慧的分水系统。惠州侧来水水质不稳定，针对不同来水情况，结合智慧水务系统，分两种工况，并按照"四六分"和"二八分"实现对水质的精准管控，满足碧道规划对河、湖水质达标的不同要求。

创新点二：三大系统保障水质达标。河流水质保障系统：河道侧通过梳理现状单一形态，将其变成辫型河道，加大水体接触面积105%，通过设置生态壅水堰，并种植具有净化水质功能的水生植物，保障河道水质达到Ⅳ类。湿地水质保障系统：在上游河道洄水湾取水，并设置垂直流人工湿地、自然湿地、林泽湿地等多维湿地系统保障生态湖泊水质稳定。湖泊水质保障系统：通过修筑土堤，实现"河湖分离"，使水体经上游湿地净化后进入湖泊，湖泊内构建亲水型"水下森林"3.8万m²，保障湖体水质长期稳定。

创新点三：生态工法的营造措施。坚持生态优先保护，适度干预。保护茂密成片的林地；上游段蜿蜒河段保护现状砾石滩、沙洲，中游河段在原有滩涂地基础上梳理出辫型河道；下游河段将人流活动集中于生态堤之上，保护两岸原有生境，既满足人的游览需求，又满足生物对栖息地的需求。

创新点四：生态体验与科普展示结合的游线系统。设计将游径与生态体验、科普展示结合，营造水利科普游径、自然课堂游径、手作步道登山游径，打造一条集水务宣传教育、生态游憩于一体的郊野型碧道。

图5 上游段现状石滩保护及梳理图（正在施工）

图6 上中游段生态岛图（正在施工）

图7 上中游段在原滩地梳理出生态岛俯视图（正在施工）

图8 中游段辫型河道图（正在施工）

图9 三大系统保障水质图

图10 生态体验与科普展示结合的游线系统图

鸟瞰图

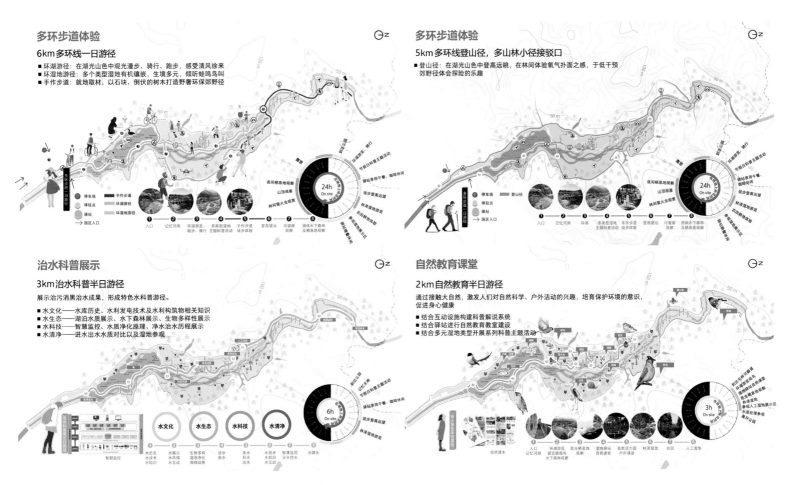

多环步道体验

6km多环线一日游径
- 环湖游径：在湖光山色中观光漫步、骑行、跑步，感受清风徐来
- 环湿地游径：多个类型湿地有机镶嵌，生境多元，倾听蛙鸣鸟叫
- 手作步道：就地取材，以石块、倒伏的树木打造野奢环保郊野径

多环步道体验

5km多环线登山径，多山林小径接驳口
- 登山径：在湖光山色中登高远眺，在林间体验氧气扑面之感，于低干预郊野径体会探险的乐趣

治水科普展示

3km治水科普半日游径
展示治污消黑治水成果，形成特色水科普游径。
- 水文化——水库历史、水利发电技术及水利构筑物相关知识
- 水生态——湖泊水质展示、水下森林展示、生物多样性展示
- 水科技——智慧监控、水质净化原理、净水治水历程展示
- 水清净——进水出水水质对比以及湿地参观

自然教育课堂

2km自然教育半日游径
通过接触大自然，激发人们对自然科学、户外活动的兴趣，培育保护环境的意识，促进身心健康
- 结合互动设施构建科普解说系统
- 结合驿站进行自然教育教室建设
- 结合多元湿地类型开展系列科普主题活动

183

45

中国建筑设计研究院创新科研示范中心景观设计

项目名称：中国建筑设计研究院创新科研示范中心景观设计
　　　　　（19号院景观改造与提升）

设计单位：中国建筑设计研究院有限公司生态景观院

建成时间：2021年3月

项目规模：约12000m²

项目地点：北京市西城区车公庄大街19号院

项目类别：景观设计

设计团队：赵文斌　刘环　王婷　路璐　李旸
　　　　　刘卓君　齐石茗月　张文竹　刘子渝　李甲
　　　　　曹雷　张丽　张埫斌　董荣进　姜云飞
　　　　　张杰

摄　　影：刘环　王婷　丁志强

一、项目概况

　　19号院是一个集居住、办公、商业于一体的复合型社区。长久以来，院内交通混乱、空间局促、环境品质低下，人情愈加冷漠，亟待更新。设计师既是场地修缮者，也是直接使用者，采用多方共谋共建的方式，以生态、健康、友好为核心手段，修复大院环境，创造活力新生。建成后，社区环境大幅度提升，社区邻里互识，温暖度开始回升，成为绿色创新友好的健康示范项目。

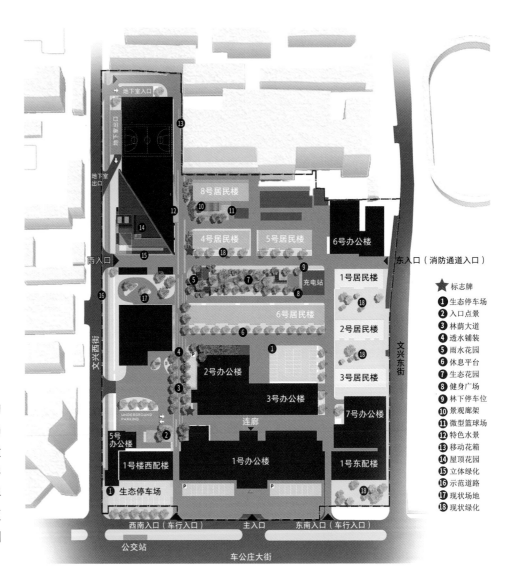

★ 标志牌
❶ 生态停车场
❷ 入口点景
❸ 林荫大道
❹ 透水铺装
❺ 雨水花园
❻ 休息平台
❼ 生态花园
❽ 健身广场
❾ 林下停车位
❿ 景观廊架
⓫ 微型篮球场
⓬ 特色水景
⓭ 移动花箱
⓮ 屋顶花园
⓯ 立体绿化
⓰ 示范道路
⓱ 现状场地
⓲ 现状绿化

1 | 2

图1　景观总平面图
图2　林荫大道实现时段化人车分行

二、设计理念

项目占地约1.2hm²，由于长期缺乏综合规划管理，交通杂乱、交往空间缺失、设施混杂等各类问题层出不穷。由此，设计团队联合居民、管理者，提出19号院复兴计划，希望用绿色创新的方式改善提升社区环境。19号院复兴计划方案不是一蹴而就的，因需平衡日常使用、建设要求和资金，项目周期被拉长，被定位为一个持续性、迭代化的绣花式更新计划。结合改造迫切度和资金情况，分期建设，本次主要建成区域为9000m²，作为起步区，旨在动员全民，解决关键问题，以成本节约、环境友好的建造方式，塑造绿色创新示范型社区。

改造策略1——交通优化、管理控制、分期实施。
改造策略2——腾退空间、增设场所、满足功能。
改造策略3——见缝插绿、立面延绿、空间增绿。
改造策略4——系统分析、分类布置、海绵生态。
改造策略5——废料保留、筛选回收、设计利用。

三、项目亮点

（1）全民共建

社区之"大"多见于"杂"——使用人群杂，利益权属杂，核心诉求杂。有幸设计团队有设计师和使用者的双重身份，有条件从内部切入，联合办公职员、居民、物业管理人员，拉动社区全民，为恢复温暖和气的社区氛围合力共建。设计师在项目全周期开展民意调研、多方会谈，交流社区改造方案等，不断与规划局、交通局等归口政府部门协商沟通。以提升社区环境、形成绿色示范的共同价值观为基础，将民众诉求作为设计思路的原点，确定了"提高社区交通安全水平，恢复社区交往，提升社区舒适度，重现社区活力"是共建的关键。

（2）功能复兴——人文关怀型社区

19号院功能复兴就居民关注度最高的社区交通安全、交往空间和舒适度问题，分别展开实施计划。

交通安全上，基于使用情况，分期解决问题；近期，结合车流早晚密集、人流中午密集的动线错峰特点，采用潮汐管理方式，在中午采用路段限行方式实现时段化人车分行，远期结合垂直停车方式集约化停车布局，分离人车路线，实现全时段人车分行。

　　交往空间上，由于现状空间局促，设计团队提出采取见缝插针的增补模式，利用边角空间增加多个用于办公、居民交往的功能空间；协调拆除临建，增补782m²集中性的社区绿地，并根据居民需求布置健身设施、游园步道、生态小花园等，花园变成了孩子们嬉戏玩耍的快乐天地。在设计师之后，居民挖掘出场地更多美和可能性。

　　舒适度上，从绿化入手，以见缝隙即复绿、立面增补爬藤的方式，总共增加绿地1256m²，增补树木92棵，百米大道绿视率可达52.6%，乡土植物搭配展现四时之美，办公、生活舒适度大幅提升。

3   4
      —
      5

图3 生态雨水花园

图4 生态雨水花园四季变换

图5 生态雨水花园夜景

图6 立面延绿，空间增绿

（3）绿色示范——低成本、环境友好型社区

项目在成本控制和低影响开发建设上作出了很大努力。目前，项目作为国家重点课题在低成本、环境友好型方面成为绿色示范。

成本控制上，可持续利用场地现有废料。将原混凝土块打碎，作为石笼坐凳、景墙填料；老砖重新砌筑，变为砖墙、砖凳。废料的运用节省了115m³（占总材料23.2%）材料设施，节约了项目成本。

低影响开发建设上，建立海绵体系统筹组织雨水，以解决园区路面常年积水问题，特别设置370m²海绵生态示范区，创新使用蜂巢蓄水模块、透气防渗毯等新技术材料，通过雨水汇集形成节水型池塘景观，并精心布置标识，科普原理知识。目前，园区年净流总量控制率可达85%，海绵建设卓有成效。

重生的19号院是有人文关怀的社区，邻里关系得以重塑；是绿色示范的社区，生态可持续。项目为"十三五"国家重点研发计划课题"既有居住建筑适老化宜居改造关键技术研究与示范"科技示范工程，有一定的科技示范展示效应及推广应用价值。

四

创新类

研究

46

阿普贝思雨水花园

项目名称：阿普贝思雨水花园

设计单位：阿普贝思（北京）建筑景观设计咨询有限公司

建成时间：2015年

项目规模：136m²

项目地点：北京市海淀区

项目类别：雨水花园

摄 影 师：童景星　林章义　等

一、项目概况

　　阿普贝思雨水花园位于北京海淀区768创意园区，是阿普贝思公司的入口花园。768园区前身为始建于20世纪50年代的大华电子仪器厂，是现存为数不多的老工业旧址之一，2009年改造为以知识创新、科技研发、设计创意为特色的办公企业聚集地。

　　2014—2015年春，从雨水花园的概念形成到施工完成，历时半载。设计经过8轮方案修改、5轮施工图调整，无数次北京、波特兰的连线沟通、探讨，跨越太平洋及12.5小时时差，最终形成智慧结晶，成为阿普贝思精神最集中的体现。这次实现了海绵城市细胞体从"0"到"1"的创新探索，经过8年的洗礼，伴随四时更迭，历久弥新。

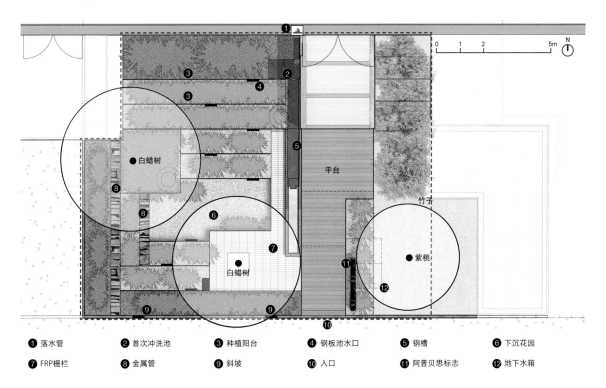

① 落水管　② 首次冲洗池　③ 种植阳台　④ 钢板池水口　⑤ 钢槽　⑥ 下沉花园

⑦ FRP栅栏　⑧ 金属管　⑨ 斜坡　⑩ 入口　⑪ 阿普贝思标志　⑫ 地下水箱

二、设计理念

挖掘场地的特质，在设计过程中深度研究造价、维护与环境策略，打造低影响、低维护的低碳景观。建设期间，下沉花园与上层台地土方平衡，未发生外运成本；同时，运用景观化处理手段，使植物与材料成为花园的主角，让雨水设施焕发生机与活力。秉持"基于源头控制、延缓冲击负荷"的设计理念，设计力图营建一个与场地条件相适应的雨水调蓄空间，实现雨水资源化管理，打造充满艺术气息的"雨水银行"。

1	2
3	4

图1 雨水花园秋季实景　　图3 建设前雨水冲蚀严重、无景观性的场地

图2 总平面图　　图4 初建成时期雨后的雨水花园

三、项目亮点

在雨水花园中，设计打造了一套完整的径流管理系统。屋顶雨水经落水管进入弃流池初步沉淀后，一部分进入循环水景，另一部分经过层层台地滞留、净化、下渗，雨水径流以最长线的行走距离，汇入中心下沉花园；道路雨水从开口道牙经过台地净化，最终也一并汇入下沉区域。当雨水量超过设计容量时，多余的雨水通过溢流设施排入地下贮水池，在雨后随泵被运送至第二层台地循环净化，可用于浇灌、洗车等，场地内部雨水可自行消解。

在硬景方面，运用生态石笼、钢板、水泥等与园区氛围相契合的材料；在软景方面，保留现场两棵白蜡树，配植耐水湿

和耐干旱的低维护地被。在雨水花园初建成的8个月里，没有主动浇灌，经历北京7、8月的暴雨期，园中地下贮水池只收集到少量雨水，验证了在大多数情况下，具有高渗透率的下垫面可实现花园内雨水的自然渗透和零排放。

雨水花园建成后，分别收取不同位置的雨水，包括弃流缓冲池、景观水槽、下沉花园和蓄水池，结合当日降雨量及雨型进行长期记录和综合分析，以观察雨水花园的净化渗透表现。虽然是低维护花园，也需要定期对植物和雨水系统进行维护，以有效长久地发挥其净化、收集作用。结合景观台地蓄水经验、有机新材料及低维护植物的运用与更新，形成雨水路径、台地、植物、节能型材料和色彩五大特征相结合的雨水花园微创新。

在城市快节奏常态下，多彩的故事片段在这方小小的雨水花园中持续点亮。

设计师将其作为一个"试验基地"，每年尝试新种植品类，观测记录不同植物在其间的生长状态，从学术研究到大众园艺喜好，不断发掘和推广适宜雨水花园生境的植物材料；花园里伫立的艺术雕塑，是北京交通大学的老师利用废旧衣料再创作的作品，呼应"可持续"设计主旨；此外，花园作为多所高等院校风景园林、环境艺术等专业的教学实践场域，迎来一届又一届的师生参访、调研和进行现场体验。

雨水花园是768园区的友好邻里驻留地。让低影响设计走入日常，成为遇见、交流和文化传播的精微平台。它不仅承载着花草树木的四季生息，更是酝酿出一个个有趣有味的生活场景，成为一片自建共创、情感相连的亲自然乐土。

$\frac{5}{6}$ 7

图5 雨水花园中材料的应用
图6 雨水花园中的多元生活场景
图7 雨水花园的四季

47 峨眉·高桥小镇

项目名称：峨眉·高桥小镇

设计单位：四川乐道景观设计有限公司
　　　　　成都乐梵缔境园艺有限公司

建成时间：2021年4月

项目规模：2000亩

项目地点：四川省乐山市峨眉山市

项目类别：研究创新

设计主创：陈亚东　杜佩娜

摄　　影：梵境摄影　刘永红

图1 总平面图
图2 大地稻禾鸟瞰图

一、项目概况

　　理想中的乡野，既不是把城市搬到乡村，也不是让乡村回到原来的样子，而是构建一个生态文明的新生活场景，这个场景里应该有优美的环境、适当的产业、殷实的村民以及更多的旅人。峨眉·高桥小镇就是这样一个乡村，一场归巢造梦实验，它从中国数万个被远离的乡村中脱颖而出，重新焕发生机和活力。

二、设计理念

　　场地背靠群山与森林，生态基底良好，但缺少一定生机，存在土地抛荒、环境凌乱、文化断裂等问题。设计对现有资源进行整合，最大化保留质朴的乡野气息，逐点连接失去活力的空间，打造湖光乡舍、

大地稻禾、丛林溯溪三大乡村景观，联动乡村与村民的关系，也吸引着更多"新村民"到来。

三、项目亮点

设计采用生态修复的方式改善鱼塘水质，利用鱼类、水草、微生物群形成生态自净系统，结合自然式草坡驳岸，蓄水成为问山湖，以草甸式花境营造梦幻的乡野氛围。

将原有的农田全部集中，重新梳理出骨架布局，利用现状植被升级植物景观，栽植彩色水稻形成大地景观，并请村民共同参与，同时引进餐饮、民宿等配套产业，进行农创产品研发，让村民和返乡入乡的人有了更多的就业机会。

在高山小溪的基础上，设计保留了大量现状岩石及野性林木，补栽林木覆绿，增加彩叶树种，为人们提供在此戏水游乐、露营野餐的活动空间。

沿溪流两岸播种适应山谷环境的物种，以增强两岸生态系统的自我调节和修复能力，同步增加主题花境，形成了乡野花甸、绣球花林、溪林花谷、粉黛彩林四大主题区，与山林自然相互融合。

人与乡村共生，构建新型的乡村生产关系。以环境吸引人，实现产业创新；以产业引流，创造价值；以价值聚集人，改善人居环境。从土地里自发生长的能量，治愈着纷繁世界里的人们，让这个曾经的空巢乡村重新焕发了生机。

	3		
4	5	6	7

图3 问山湖远景
图4 大地稻禾近景
图5 溯溪鸟瞰图
图6 乡野花甸
图7 溪林花谷

48

木墩河暗渠复明工程设计

项 目 名 称：木墩河暗渠复明工程设计

设 计 单 位：深圳市水务规划设计院股份有限公司

　　　　　　上海市政工程设计研究总院（集团）有限公司

建 成 时 间：2020年10月

项 目 规 模：暗渠复明工程1km（河长6.36km）

项 目 地 点：广东省深圳市光明区

项 目 类 别：研究创新

项目总指导：朱闻博

设 计 团 队：深圳市水务规划设计院股份有限公司生态景观院景观设计部

主创设计：徐　抖　唐　炜

方案设计：陈　焰　肖　露　李　明　朱嘉琳　刘红宇

施工图设计：王志雄　夏　玉　江晓阳

植 物 设 计：李军辉

水 电 设 计：钟　剑　靳开甲

水 工 设 计：曹　赞　何　磊　宋思航

摄　　　影：徐　抖　陈　焰

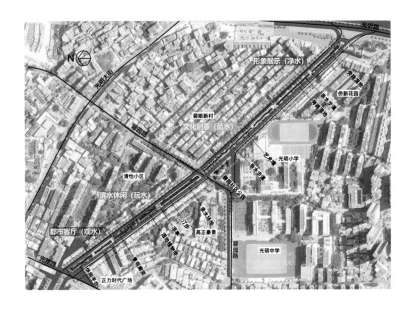

一、项目概况

　　木墩河发源于碧眼水库，河长6.36km，流经光明街道碧眼、光明、翠湖、东周4个社区。其中，位于光翠路及光侨路之间，经过暗渠复明工程改造后的1km木墩河是光明区全面消除黑臭水体治理的重要成果，它是深圳首条由消黑治理提升至街区综合改造的暗渠复明河道。

二、设计理念

　　面对沿河空间有限、河道渠化严重的难点，结合周边商业、居住、文教设施的环境，项目以打造生产、生活、生态"三生相融"，防洪、水质、景观"三项提升"，政府、居民、

1   2 | 3   图1 设计总平面图   图2 下游都市客厅（观水）段鸟瞰   图3 堤顶林荫步道及人行桥上休闲空间

商铺"三方共赢"的宜居环境为理念。通过水陆统筹，最大化利用河道空间、驳岸空间，合理规划设置亲水、绿化、步行、车行及停车等，实现河道与道路、商铺、小区纵横联系，相互融合。

三、项目亮点

依据地域特征将木墩河暗渠复明段分为"都市客厅"（观水）、"滨水休闲"（玩水）、"文化创意"（品水）、"形象展示"（净水）四大区。

融合水城空间：通过水陆统筹，最大化利用河道与驳岸空间、市政道路绿化与人行空间，合理规划设置亲水、绿化、步行、车行及停车等空间，实现河道与两岸的纵横联系，打造流

域治理与城市开放空间融合发展的城河空间新模式。

实现人水共生：通过向河道悬挑，梳理堤岸车行道和人行道空间，将原来狭窄的滨河步道（0~3.1m）扩宽成较为舒适的林荫漫步道（1.5~6.0m），同时利用过河人行桥设置休闲廊架，增设观水平台及滨水休憩、儿童活动场地，丰富社区活动。

通过水文计算，将亲水步道设置在2年一遇水位标高以上，并结合台阶、置石、汀步、桥下涂鸦打造多样、生态、趣味的亲水活动空间。

修复生态本源：通过分析河水在平面和竖向的流动数据，计算在特定流速下抗洪水冲刷的石块粒径，以"壅、挤、推、堵"的方式引导水流势能与动能转化，改变水流平面走向，在小尺度的直渠里打造具备"潭、滩、湾"的生态河床。

在4~6m的主河槽内，运用石头、木桩等材料组合设计了0.3m

高的小型生态壅水堰，泥沙、水流可从堰间透过，各类生物也可在这样的环境里停留、栖息。

　　根据河流冲刷特点，选择相适宜的植物，如匍匐状的香菇草、蔓延生长的爬墙虎、抗冲刷的翠芦莉及锡兰叶下珠、狼尾草等。

　　运用必要的防冲措施，如将石头围成水中种植空间，再用土工布、椰丝卷材固土，在汛期来临之前完成种植及根系固定，或在较小的种植空间以自然石块及砾石填充，再将草籽、少量水生植物填充其间，待河水滋润，绿意丛生。

　　在分层的河岸直立墙上种植藤本植物，在壅水堰、石头与台阶旁种植，绿意盎然。

　　木墩河日常补水主要来自污水处理厂处理后的尾水。设计利用河道两侧有限的空间布设旁路湿地处理设施，三级过滤池中的植物与滤料共同作用以提升水质。湿地排水通道结合汀步设计，展示净水效果，增加亲水体验，让潺潺流水为河道增添灵动韵味。

　　短短40年里，深圳从边陲小镇蜕变为充满活力的现代化城市，创造了从零一跃至全世界经济特区"头号成功典范"的奇迹。而早期快速发展背景下，城市与水的关系却不那么密切。城市发展需要更多陆地空间，覆盖现状河流，暗涵随之出现。随着我国逐步走向社会主义生态文明新时代，我们对城市与水的关系的思考与探索一直不曾停止，并终于在深圳市光明区找到了答案。

景石+绿化

木桩+石头

深潭

浅滩

49

深圳市南山区香山里
小学共建花园

项 目 名 称: 深圳市南山区香山里小学共建花园

设 计 单 位: 深圳市未名设计顾问有限公司（**WMLA**）

知初小世界

建 成 时 间: 2021年11月28日

项 目 地 点: 深圳市南山区香山里小学

项 目 类 别: 研究创新

设 计 团 队: 车 迪 刘 玥 谢 园 林 苑 蔡恬岚 覃作仕 郑 旻

黄舒婷 徐伟琦 张 越

自然教育导师: 郝 爽 李 响 杨 雪 覃赵钱

摄 影: 未名设计（**WMLA**） 香山里小学 深圳市南山区城市管理和综合执法局

一、项目概况

项目以香山里小学为基地，从校园设计建造到课程内容研发，再到师生共建参与，逐渐形成一套完整的校园设计与自然教育体系构建模式。

设计与教育的不断探索

自2016年建校筹备期间起，项目已经与学校合作进行了"教学性校园景观设计"的探索尝试，设计建造了自然探索教室与户外自然探索中心，为学校提供了重要的教学资源。

2017年9月开学至今，项目又以前期构建的教学型景观为教学资源与素材，研发并落地了"博物探究""自然探究""趣味地理"等自然教育课程。

2021年以深圳市南山区城市管理和综合执法局"共建花园"项目为契机，项目与校方又共同带动师生家长参与共建校园环境，提出了设计×教育融合的共建模式。

二、设计理念

香山里小学"设计×教育"共建模式

结合香山里小学创新型校本课程的开设需求与共建花园的建设契机，项目与教育团队联合，将花园共建过程融入校本课程的"香山花园共建计划"，以课程指导设计，用设计服务课程，实现设计与教育的有机结合。

共建项目由深圳市南山区城市管理和综合执法局组织，香山里小学提供支持，深圳市绿色基金会、大自然保护协会和蛇口社区基金会进行统筹和指导，设计师和课程导师协作，组织策划校本课程、工作坊和运营计划，将设计和教育融合，并为社区打通全流程参与途径。

2	
1	3 | 4
	5

图1 香山里共建花园建成效果　　图3 香山里共建花园学生参与过程　　图5 共建花园香山里校园模式图
图2 香山里共建花园建成效果细节　　图4 香山里共建花园学生家长参与

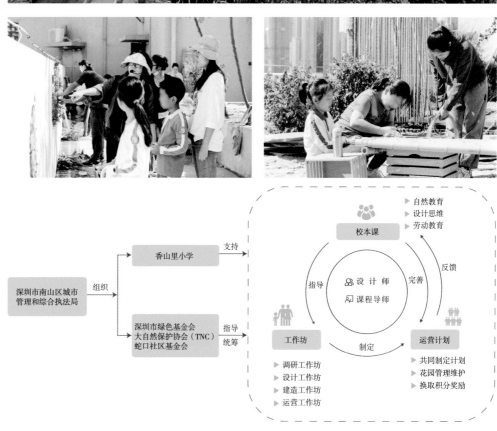

三、项目亮点

设计与教育的全流程融合

近年来深圳市强调公众参与城市美好生活场景的建设，"共建花园"是调动公众参与积极性、在设计师与使用者之间架设桥梁的重要手段。在校园中开展共建花园项目，更多的是对教育意义的考量。

项目将整个共建过程开发为学校的"香山花园我设计"校本课程，综合了自然教育、劳动教育、设计思维、管理思维等诸多内容；共建过程包括调研、设计、建造、运营4个阶段，每个阶段都设置周末亲子工作坊，邀请全校感兴趣的学生和家长作为亲子单位共同参加，用"校本课+工作坊"的形式实现了教育和设计的完全融合。

6	7
8	9
10	
11	

图6 共建花园生态本底调研
图7 共建花园设计讨论与方案形成
图8 共建花园模型深化过程
图9 共建花园施工建设过程
图10 共建花园景观细部展示
图11 学生和家长制作的飞鸟拼贴画、手作观察帐篷、手作观鸟墙

本次花园共建活动持续了近半年时间，花园建成后成为学生们进行自然观察的重要基地，花园中的草木虫鸟、四季轮回都将成为孩子们观察和学习的素材。共建项目的教育意义得以体现，并形成了圆满的闭环，实现了课程与设计的双向奔赴。

$\dfrac{12}{13}\big/14$

图12 共建花园开园揭牌仪式

图13 孩子们在自己建的花园里观察动植物和生态过程

图14 共建花园俯瞰效果

五

设计类

住宅

中国景观

50

长辛店棚户区辛庄D地块
安置房项目景观设计

项目名称：长辛店棚户区辛庄D地块安置房项目景观设计

设计单位：中国建筑设计研究院有限公司生态景观院

建成时间：2016年3月

项目规模：15hm²

项目地点：北京市丰台区长辛店镇辛庄村东北部

项目类别：安置房项目

设计团队：关午军　李秋晨　朱燕辉　管婕娅　李和谦　常　琳　戴　敏

摄　　影：张广源

"5L"概念——低成本维护（low maintenance）
设计采用低影响开发体系，将海绵城市的理念融入到社区景观中，打造出北京最大的社区雨水花园

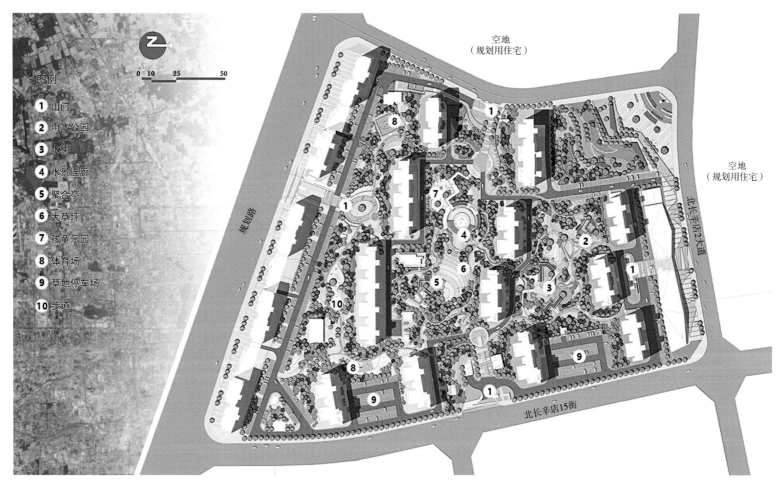

图例

1 山门
2 雨水公园
3 水榭
4 水景连廊
5 聚合亭
6 大草坪
7 孩童乐园
8 体育场
9 草地停车场
10 步道

空地
（规划用住宅）

空地
（规划用住宅）

规划路

北长辛店2大道

北长辛店15街

"5L"概念——本土文化（local culture）
为了保持人们对故土及过去生活的美好回忆与向往，设计以环境景观为媒介拉近邻里距离，唤回那美好的乡愁。

1	3	图1 建成实景——雨水花园	图3 改造前
2	4	图2 总平面图	图4 改造后

一、项目概况

项目地处北京西南五环外的长辛店老镇，区域自然优势显著，历史悠久，文化底蕴深厚。近年来，随着城市化进程加快，被征地农民的生活方式发生改变，旧时，这里自然安静的村落、愉悦惬意的生活方式均已不复存在，取而代之的是钢筋水泥林立、历史文脉缺失、邻里关系断裂、生态基础设施落后、安全隐患突出等现状。长辛店农民回迁社区景观营造以关注低成本住区景观的可持续发展为出发点，以环境景观为媒介拉近人与人的距离，唤醒对自然的向往。

二、设计理念

（1）研究先行

为了更加科学地提升社区内场地利用率及其布局的合理性，在对其风环境、光环境进行分析的基础上，优化景观功能布局：社区采用以板式为主、板塔结合的布局模式，景观设计采用浅丘布置方式，有利于形成较为宜人的风环境。同时通过对区内日照的分析，选择在适宜的区域设置邻里交往空间、儿童活动空间、体育健身空间等场地，以满足不同人群在不同季节对日照的需求。

（2）乡土理念

"外师造化，中得心源，山川浑厚，草木华滋"

设计运用现代景观手法，营造乡土意境，力图创造复合共生的"新山境"。以潜山、望山、依山、居山、乐山为设计主线贯穿全园，唤起居民对自然的向往、对场地的追忆、对聚居的渴望，召唤丢失已久的一抹乡愁。

依山——尊重地形，由北而南，依山布置。

聚落——打造潜山聚落，构建不同尺度的竹廊，唤回场地记忆、重构邻里空间。

取景——设置不同"取景框"，将外围山景收于园内。

赏境——中式散点布局，驻足赏景，观山听水。

（3）场地记忆

古庙——在场地范围内，有文物遗存土地庙一座。土地庙是对乡村生活的一种参与和创造，它在宗教心理、社会关系、村落起源、村落景观格局等方面均体现出与人的密切关系。设计对其进行保护及修缮，并在其周边设计绿化缓冲区。

古树——场地内原有古树得到良好保护，其余原生树木基本保留或移栽成功。每逢秋季，这些大枣树挂满果实，成为居住区里独特的景观，它们共同承载着回迁居民对自然生活的满满回忆。

三、项目亮点

基于北京地区夏季暴雨且常年地下水补给不足的情况，设计采用低影响开发体系，将海绵城市的理念融入社区景观，打造北京最大的社区雨水花园。

设计利用雨水花园、生态下凹绿地、生物滞留、植被浅沟、雨水利用等方式减缓地表雨水下渗速度、控制径流污染、降低雨洪发生概率，实现可持续水循环；并利用雨水营造湿地花园、溪流叠水等景观。

5	8
6	9
7	

图5 花园共建施工过程
图6 建成实景——多种本土植物与材料的运用
图7 建成实景——廊架
图8 设计特色——雨水花园
图9 设计理念——乡土理念

"5L"概念——场地记忆（local memory）
留存场地内的古庙及古树，它们共同承载着回迁居民对自然生活的满满回忆并成为居住区里独特的景观。

"5L"概念——低成本开发（low cost）
基于建设可持续性低成本社区的出发点，设计师在场地内多采用本土植物及材料来达到节约成本的目的。

"5L"概念——本地材料（local material）
运用竹子、石头等本地材料来构建浅山区的回迁改造地。

水生植物

潘帕斯草　拂子茅　黄菖蒲　千屈菜

德国鸢尾　金钱草　芦竹　马蔺

水岸植物

玉簪　黄花菜　迎春　芒草

净化　收集

利用

设计采用雨水花园、生态下凹绿地、生物滞留、植被浅沟、雨水利用
等方式减缓地表雨水下渗速度、控制径流污染、降低雨洪发生概率，
实现可持续水循环；并利用雨水营造湿地花园、溪流叠水等景观。

文化

生活

乡愁

依山而上
尊重地形，由北而南，
依山布置

驻足赏境
设置不同的"取景框"，将外围山景
收于园内，驻足赏景，观山听水

潜山筑园
打造潜山聚落，构建不同尺度的
竹廊，唤回场地记忆，重构邻里
空间

合院而居
隐藏在浅山中，打造
优雅的住宅

51 杭州旭辉和昌都会山项目

项目名称：杭州旭辉和昌都会山项目

设计单位：笛东规划设计（北京）股份有限公司

建成时间：2020年4月

项目规模：21000m²

项目地点：杭州萧山区

项目类别：住宅景观

设计团队：石　可　曹宏刚　何俞宣　邹余浩　史　超　杨晨曦
　　　　　李真艳　邱亦纯　董旭辉　田安博　吕　哲

摄　　影：小花摄影

一、项目概况

　　项目位于杭州钱塘江畔，G20峰会主场旁，萧山奥体博览城中心。整个地块的景观面积约2万m²，而社区内部主要空间则不足1万m²，由3栋公寓和3栋高层板楼围合而成。在寸土寸金的城市核心区，利用有限的景观空间，通过设计体现杭州温婉清秀的历史底蕴而又不失钱塘江畔的时尚活力，满足当下年轻人对生活品质的诉求，是最重要的设计目标。

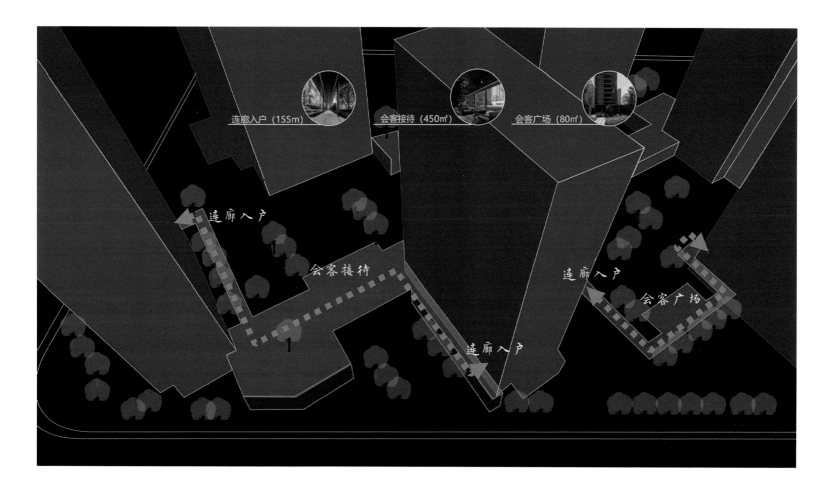

二、设计理念

项目利用风雨连廊串联归家空间，将礼遇归家的酒店式入口、邻里聚会的户外会客厅、供独处阅读的休闲廊架、充满欢笑的共享运动空间相互串联，使社区景观既蕴含传统江南空间秀雅精致的人文理想，同时体现萧山奥体区域的蓬勃自信。用最现代简洁的设计语言和最温柔克制的营造手法营造最具东方意蕴的现代国际都会社区。

1 2

3

图1 风雨连廊示意图
图2 风雨连廊串联归家动线
图3 邻里聚会的户外会客厅（一）

三、项目亮点

　　风雨连廊成为景观结构的主线，以"廊"这一特定形式进行人行动线的视觉引导和氛围营造，削减近百米的高层建筑带给人们的压迫感与紧张感，强化传统江南院落带给人们的最美好的感知。

　　因景观空间有限，需要针对特定客户群体进行需求甄别后，进行细致的划分和高效的利用。项目针对客户年龄和家庭构成进行详细研究，设定了以邻里聚会的户外会客、独处阅读的休闲廊架和充满欢笑的共享运动为主的核心景观功能，使极其有限的景观面积得到最高效的利用。

　　景观方案向室内适当渗透，将2000m²的架空层纳入景观体系一并进行设计。利用架空层空间结合相邻户外空间的使用特性，分别植入友邻交往、儿童戏水、娱乐健身等复合功能。整个小区底部空间完全贯通，也更加便于业主使用，成为架空层设计的典范。

4	5	6
	7	8
	9	10

图4　充满欢笑的共享运动空间（一）
图5　邻里聚会的户外会客厅（二）
图6　独处阅读的休闲廊架（一）
图7　独处阅读的休闲廊架（二）
图8　充满欢笑的共享运动空间（二）
图9　架空层中设置的社交空间
图10　架空层中设置的儿童戏水区

52

龙湖 · 双珑原著

项目名称：龙湖·双珑原著

设计单位：四川乐道景观设计有限公司

建成时间：2019年4月

项目规模：37529m²（3号地块）+50981m²（5号、6号地块）

项目地点：四川省成都市新津区

项目类别：住宅设计

设计主创：张　彬

摄　　影：梵境摄影　刘永红

一、项目概况

　　龙湖·双珑原著位于成都西南近郊牧马山片区，周边有众多森林、溪流、绿岛，农田环绕，离尘不离城，是进可繁华、退有繁花的绝佳栖居之地。双珑原著坐落于这里，将延续牧马山千年来自然衍生的生活美学，也续写未来生活的更多可能性。

二、设计理念

　　为了感知和追寻更为真实的自然，场地保留了牧马山千年衍变所留下的原始地貌，用自然设计自然，将川西林盘中重要组成元素溪、田、林、岛当作景观创意来源，赋予生活空间自然流畅与灵动艺术的特性，打造一方蓬勃自如的艺术空间。

1	2
3	4

图1　总平面图（3号地块）

图2　主入口鸟瞰（3号地块）

图3　花满之庭绿植（3号地块）

图4　艺术之庭近景（3号地块）

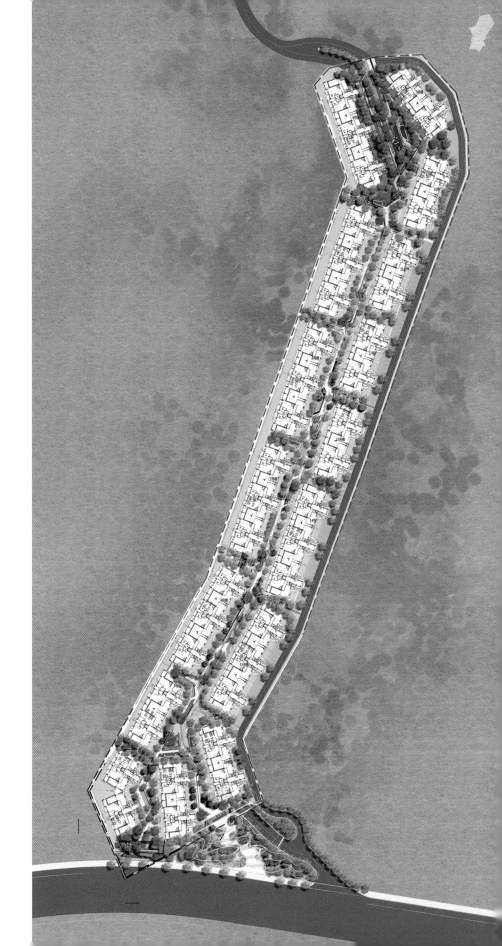

三、项目亮点

3号地块内建筑排布后有一条长达300m的狭长宅间，为消解"一眼到底"的视线乏味感，在近乎直线的巷道上采用莫奈花园的叙事手法，设置花满·艺术·水境3个主题庭院，运用多样的折线步径增加空间丰富度和层次感，解决问题的同时呈现艺术花园的独特美感。

场地前后端分别设置儿童乐园和秘密花园两大惊喜功能空间，包括生活吧台、中庭会客、休闲廊架、下沉空间等，根据业主需求可实现艺术场景的转换，在有限的空间内打造更多元的模块体验。

5号、6号地块溪水环抱，花落水间，以岛为界，人们自由漫步其中，可以体验更多的度假情绪，听见内心最本真的声音，在山间真正探寻到氤氲幽远的花源栖居之所。

53

台州方远·天璟誉府

项目名称：台州方远·天璟誉府

设计单位：广州怡境规划设计有限公司

建成时间：2021年6月

项目规模：103819m²

项目地点：浙江省台州市椒江区

项目类别：住宅设计

设计团队：常毅恒　刘亚军　欧代兴　谭德胜　张玉婷　黄益峰　洪滢
　　　　　陈广锋　梁慧敏　孙嘉颖　陆家兴　缪建勋　张雄飞　周炜堃
　　　　　黄紫辕　李　红　范耀群　吴　冰

主创设计：常毅恒　刘亚军　欧代兴

方案设计：谭德胜　张玉婷　黄益峰　洪　滢　陈广锋　梁慧敏　孙嘉颖

项目经理：陆家兴

施工图设计：缪建勋　张雄飞　周炜堃　黄紫辕

植物设计：李　红　范耀群

水电设计：吴　冰

摄　　影：重庆两江新区三棱镜文化传播有限公司
　　　　　广州怡境规划设计有限公司

1	2	3
4	5	

图1　台州方远·天璟誉府

图2　林荫邻里交流花园

图3　现代异型构架休闲空间

图4　弧形构架与层级水景相互穿插联系

图5　白色弧形构架休闲空间

一、项目概况

台州方远·天璟誉府位于浙江省台州市椒江区，景观面积103819m²。项目希望营造满目自然、朴实的风景，可享受艺术、品质的理想生活，给人们带来人性化的居住体验。回归生活，做有温度的大区，是项目的设计目标。

二、设计理念

灵（椒）江，为浙江省第三大河，它见证了下汤文明的源远流长，哺育了世世代代的台州子民。设计以"灵江"为设计灵感，筑造一个全龄化、复合体验式的公园生活品质艺术社区。打造"一心、两轴、八庭院"的格局，园区内沿东西、南北轴打造自然生态的水系景观带延伸，形成景观廊道，倍增生活仪式感。

三、项目亮点

"人文休闲场""运动健身场""轻氧生活场""艺术社交场"四大主题组团相互交融，形成多维度全龄化森居功能社区。

（1）人文休闲场

全龄交流休闲场，聆听树影的声乐

人文休闲场结合自然水系、多重绿化空间共同打造区内全龄休闲交流平台，功能丰富的景观空间给业主休闲聚会提供了充足的场地。

林荫下呼吸

林荫花园错落有致地坐落于社区楼宇之间，令人静享大自然的魅力；开放的草坪空间和私密的会客花园成为林间生动的生活场景；草坪周边树木成林，园路加宽处设木平台、条石坐凳，特色构架。在这里，人们赏花观叶，休闲洽谈，享受温柔的阳光；树影的声乐，引导人们来到真正的宁静之地。

林溪中落座

亲水下沉卡座位于楼栋之间的中央景观空间，流畅的曲线绘出自然水景轮廓，绿岛漂浮于蜿蜒的水面上，层层叠叠的水景与白色艺术构架融为一体，细碎的阳光洒在波光粼粼的水面上，成为景观轴上的视线焦点；落座于亲水卡座，聆听缓缓落水声，不同于林荫花园的私享静谧，在这里可以感受宽阔开敞的景观，近观树影流水，远眺绿树成林，体验心斋坐忘、逍遥回归的居住之境。

（2）运动健身场

兼具运动与童趣，享受快乐的跳动

三个不同主题的全龄活动乐园和一个迷你足球运动场，让儿童在嬉戏玩耍的同时，兼得安全智趣与自然教育，实现人际互动，增加亲子间交流，健身休憩，动静两宜。清晰的功能分区和丰富的色彩混搭如彩色画笔绘出了儿童梦境，高低起伏的地形、乐趣无穷的活动设施、穿梭跨越的廊桥，共同打造出隐藏在树影中的秘密基地，孩子们在这里可以尽情释放欢乐、感受自然、探索世界，家长们在这里守护着孩童成长，共同创造美好回忆。迷你足球场以层级花基围合打造下层式运动场地，满足了孩童足球狂欢的运动需求和安全需求。

（3）轻氧生活场

休闲度假氛围，实现轻奢梦想

全龄休闲泳池将现代元素融入景观设计，创造出轻奢的度假体验。泳池边缘掩映在绿色植物中，水池铺装用深浅蓝色马赛克绘出海水波浪，水面以折线语言划分出成人泳池及儿童戏水池，池边提供躺椅，有享受阳光浴的休闲空间，在给成人提供轻奢体验、令其私享尊贵的同时，还能让儿童感受到戏水的乐趣。水池两岸延伸出的艺术廊架与景观挑台结合为一体，宽敞的景观视线可俯瞰泳池空间。泳池边种植特色棕榈科植物，给人以热带风情的度假体验。

（4）艺术社交场

景观的艺术表达，激发生活的灵感

艺术草坪、绿岛水景、台阶跌水、度假泳池4个串联空间共同打造园区中轴景观，形成艺术焦点空间。会所之外的艺术草坪延续着铺装的折线造型，建筑与园区高差以跌水及台阶巧妙处理，夜幕中，水帘飞泄，水雾缥缈，光影重重，令人如处艺术梦境。多功能艺术回廊围合出自然的绿岛水景空间，成为园中独立的艺术表达，不仅激发人们的亲水性，也让景观更具有可读性。艺术回廊原木色的格栅框出多样的景色，让人们在不同角度与这些美景不期而遇，共话邂逅惊喜。

台州方远天璟誉府溯源灵江，打造城市顶级全龄森居假日住宅产品，艺术与生活碰撞于此，人们对水岸生活的美好憧憬也再现于此。365天全时段享受四季无限风华，当踏上归家之路的那一瞬间，归凡于心，感受生活的平静与美好。台州方远天璟誉府在城市发展中矗立于时代浪潮之尖，致敬城市未来并伴随城市的发展焕发新的生命力。

6	7		9	
	8		10	

图6 艺术构架、亲水卡座、层级水景与特色绿植相互交融
图7 林荫水院御花园
图8 亲水下沉卡座
图9 艺术轴线景观
图10 跌水及台阶巧妙处理园区高差

54

天津雅居乐滨河雅郡展示区

项目名称：天津雅居乐滨河雅郡展示区

设计单位：阿普贝思（北京）建筑景观设计咨询有限公司

建成时间：2020年

项目规模：20639m²

项目地点：天津市滨海新区

项目类别：景观设计

摄　　影：三映摄影事务所　任　意

一、项目概况

雅居乐滨河雅郡位于天津市滨海新区中新生态城北岛，周边有一系列生态城配套，城市生活氛围浓厚。区域有着独特而敏感的生态本底，蓟运河、故道河东西环绕，场地地势低洼，接近海平面，土壤和地下水具有较强的盐碱性。大面积水塘湿地、长满青蒿和碱蓬草原形成平远、苍茫的初印象，项目决定将场地自然本底作为场所特质加以延续。

二、设计理念

设计放眼中新生态城北岛全域，从整体生态绿色廊道角度出发，依托水脉、绿脉，将生态社区精神融入设计。现场由东向西呈"堤岸状"高差，依形就势塑造海绵水系，打造低影响、低维护的生态公园。湖体部分通过水泵循环造流，防止水系局部富营养化，并利用植被群落及各类生物构建稳定的水生态系统。

图例

—— 输水沟

—— 植草沟

—— 屋面雨水

—— 景观化雨水下渗

—— 地表径流组织

—— 生态湖水体循环

—— 超量雨水溢流

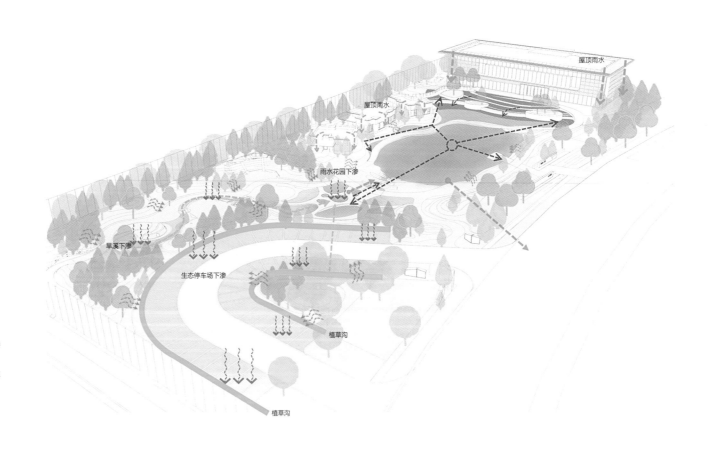

此外，项目将场地故道河特
有的自然记忆，通过景观手法融
入空间节点，使多元生活场景和
亲自然活动交织在一起，营造一
个宜居、活力、充满自然变化的
魅力社区。

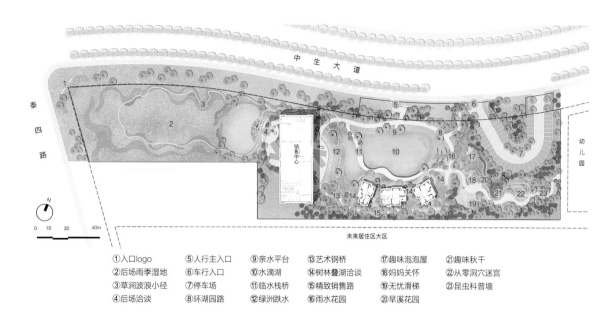

1	
	2
	3

图1 海绵体系及生态策略图
图2 总平面图
图3 五大节点串联的生动故事线

①入口logo　　⑤人行主入口　　⑨亲水平台　　⑬艺术钢桥　　⑰趣味泡泡屋　　㉑趣味秋千
②后场雨季湿地　⑥车行入口　　⑩水滴湖　　⑭树林叠湖洽谈　⑱妈妈关怀　　㉒从零洞穴迷宫
③草涧波浪小径　⑦停车场　　⑪临水栈桥　　⑮精致销售路　　⑲无忧滑梯　　㉓昆虫科普墙
④后场洽谈　　⑧环湖园路　　⑫绿洲跌水　　⑯雨水花园　　⑳旱溪花园

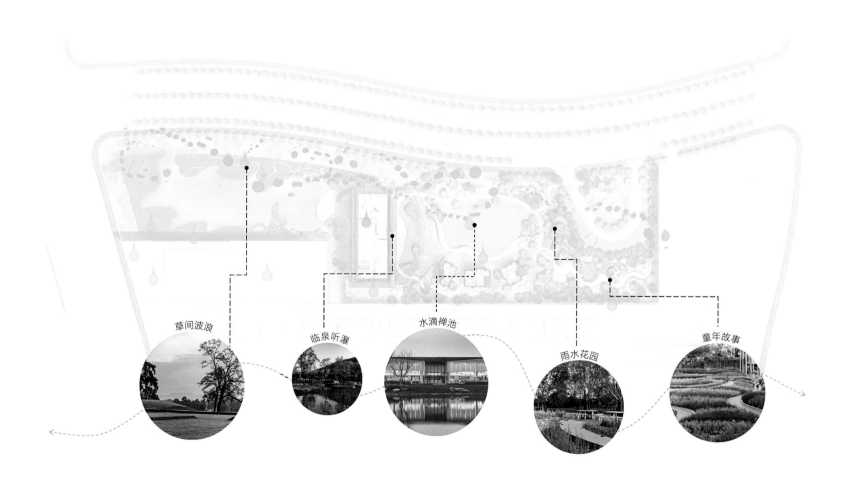

草间波浪　　　临泉听瀑　　　水滴禅池　　　雨水花园　　　童年故事

三、项目亮点

（1）公园里的家

场地在完成售卖展示后将转变为社区公园，故需充分考虑近远期使用衔接。1000m²湖面和518株大树静静等待大区新家建成——树木葱茏，花草繁茂，蜻蜓从水面掠过，见证孩子的成长和各个家庭的幸福时刻。

（2）树林湖水边的聚会空间

聚会空间周边水体采用人工浅池的形式，保证水位和水质稳定，力求将用水量最小化。水流过高低错落的湖面，发出柔和声响，树岛上的枫树形成美丽倒影。和好友聚会畅谈，或是临水阅读，让时光慢下来，细细品味大自然的诗意。

（3）大自然的记忆——水滴湖

水滴湖延续场地记忆，也是区域湿地生态系统的重要组成部分，可有效消解场地内雨水。湖体和水生植物为鱼类、昆虫、两栖动物提供了栖息条件，也成为候鸟迁徙途中的"生态踏脚石"。沿着水上浮桥，穿过苇丛，探寻自然伙伴，别有一番乐趣。

（4）大自然的修复力量——雨水花园

如色彩迷宫般的雨水花园是雨水循环路径上的重要环节，是周边地表径流初期汇集的前滞塘，可以沉淀泥沙，净化污染物，雨水在此消纳、净化，形成小型的亲自然博物天地。

（5）焕醒自然感知能力的儿童游戏场地

亲自然游戏空间是给孩子成长的最好礼物。场内模拟渤海湾的丘陵、树林、滩涂地貌，将滑梯建在小丘树林中，以旱溪和有机材质串联起活动区域。孩子触摸沙子、石子和花草，踩着倒木和大岩石，去动物迷宫里寻找渤海湾的动物朋友，在土壤教室了解蚂蚁的世界……在游戏中感知自己生长的土地，热爱自己的家园。

	4		9	
5	6		10	11
7	8		12	13

图4 趣味泡泡屋

图5 穿林而过的栈桥

图6 休闲平台

图7 蜻蜓栈桥穿越水滴湖

图8 刻着诗句的平台与远处的树林

图9 生态自然的旱溪花园

图10 自然材料建造的滑梯沙坑

图11 蚂蚁科普墙与互动小黑板

图12 微地形与木桩

图13 亲自然乐园鸟瞰

（6）仲夏夜花园

后场野花怒放，翻过起伏的小丘，走上碎石小径，去探寻花丛中的秘密。仲夏夜晚，灯火点亮，是花神和夜之精灵的舞台。

雅居乐滨河雅郡展示区与生态城的绿色系统相互融合，构建起一个灵活、适应、自我生长的开放空间体系，给未来建设预留空间，构建人本、自然、可持续的城市开放空间。以对自然和场地的尊重、对生命的认识和对生活的理解，用匠心和巧思雕琢返璞归真的心灵居所。

图14 雨后仲夏夜花园